江苏省高素质农民培训教材

水稻机插规模丰产栽培技术

SHUIDAO JICHA GUIMO FENGCHAN ZAIPEI JISHU

U0282861

王 勋 顾 晖 主编

中国农业出版社
北 京

内容简介

全教材共分为5部分，内容包括机插水稻生长特点及栽培特点、机插水稻育秧技术、机插水稻大田栽插技术、机插水稻大田水肥管理、机插水稻病虫草害防治。每一部分均自成一个独立的体系，彼此既相互关联，又可拆分。在编写过程中注重实践性与可操作性，融"教、学、做"为一体，图文并茂，适合农民培训使用。

编写人员

主 编 王 勋 顾 晖

副主编 赵艳岭

编 者 （以姓氏笔画为序）

王 勋 仇恒佳 齐乃敏

李庆魁 杨书华 赵艳岭

秦培亮 顾 晖 奚照寿

梁 凯 蔡 健

写在前面的话

乡村振兴，关键在人。中共中央、国务院高度重视高素质农民培育工作。习近平总书记指出，要就地培养更多爱农业、懂技术、善经营的新型职业农民。2018年中央1号文件指出，要全面建立职业农民制度，实施新型职业农民培育工程，加快建设知识型、技能型、创新型农业经营者队伍。

近年来，江苏省把高素质农民培育工作作为一项基础工作、实事工程和民生工程，摆到重要位置，予以强力推进，2015年，江苏省被农业部确定为新型职业农民整体推进示范省。培育高素质农民必须做好顶层设计和发挥规划设计的统筹作用，而教材建设是实现高素质农民培育目标的基础和保障。我们多次研究"十三五"期间江苏省农民教育培训教材建设工作，提出以提高农民教育培训质量为目标、以优化教材结构为重点、以精品教材建设为抓手的建设思路。根据培训工作需求，江苏省农业委员会科教处、江苏省职业农民培育指导站组织江苏3所涉农高职院校编写了本系列培训教材。

本系列教材紧紧围绕江苏省现代农业产业发展重点，特别是农业结构调整，紧扣高素质农民培育，规划建设了28个分册，重点突出江苏省地方特色，针对性强；内容先进、准确，紧跟先进农业技术的发展步伐；注重实用性、适应性和可操作性，符合现代高素质农民培育需求；教材图文并茂，直观易懂，适应农民阅读习惯。我们相信，本系列培训教材的出版发行，能为高素质农民培养及现代农业技术的推广与应用积累一些可供借鉴的经验。

编委会

2018年1月

编写说明

　　水稻机插栽培，是水稻栽培技术上的一项重大改进。与传统栽培技术相比有以下优点：插秧效率高，可减轻农民田间劳动强度；节省秧田，秧田与大田比例达 1∶（80～100），可大幅度节约耕地；高产稳产，机插水稻分蘖多、根系发达、群体质量好；机插秧行距、株距均匀，通风透气良好，能充分利用光能，有效减轻病虫害；具有明显的节本增效特点。

　　本教材的编写提纲由苏州农业职业技术学院王勋副教授提出，经中国农业出版社审核后，再由苏州农业职业技术学院栽培专业教研室讨论后正式分工编写。第一部分和第五部分由王勋编写，第二部分和第三部分由苏州农业职业技术学院顾晖编写，第四部分由江苏农林职业技术学院赵艳岭编写。书稿形成后由王勋负责统稿，李庆魁、仇恒佳、杨书华、齐乃敏、苏振彪、奚照寿、蒋平、蔡健和秦培亮负责核对和绘图。

　　在本教材的编写过程中，参阅了大量的参考资料和许多专家的研究成果、著作，在此表示诚挚的谢意！

　　编者水平和经验有限，书中不妥之处在所难免，敬请广大读者给予批评指正。

编　者

2018 年 3 月

目　录

机插水稻生长特点及栽培特点

一、概述

机插水稻具有省工省力、节省水稻种子和秧田面积、操作简便的特点，并且具有稳产、高效的优势，是水稻栽培技术上的一项重大改进。目前农村人口大量流入到大中城市，农村老龄化现象不断加剧，迫切需要机插水稻种植技术，以稳定水稻种植面积并提高产量。

自1999年起，江苏开始研究创新机插水稻的一系列育秧技术，试验完善配套农艺措施，总结形成了与机械化插秧配套的机插水稻高产栽培技术体系。从10多年来的实践效果看，机插水稻高产栽培技术体系凸显5大优势。一是插秧效率高。步行式插秧机和高速乘坐式插秧机的插秧效率分别是人工插秧的15倍以上和30倍以上，极大地提高了生产效率，减轻了农民田间插秧的劳动强度。二是节省秧苗。由于机插水稻采用的是毯状秧苗，其播种密度极高，秧田与大田比例达1：（80～100），秧田占用率为人工插秧田的10%左右，可大幅度节约耕地。三是高产稳产。采用机械插秧作业分蘖多、根系比较发达、不易倒伏，且机插宽行窄株、定苗定穴的有序栽植，满足了水稻高产群体栽培质量的宽行、浅栽、稀植的要求，克服了直播稻全生育期短、种植区域受限制、抛秧种植无序及群体质量难以控制的弊端，容易实现高产稳产。四是提高生态质量。机插秧行距、株距均匀，通风透气好，能充分利用光能，有效减轻病虫害，有利于增强稻株抗倒性、保护生态环境和提升稻谷品质。五是节本增效。相对人工插秧和水稻直播技术，机插水稻每公顷节本增效均达数千元。

二、生长特点

(一) 秧苗期的生长特点

1. **温度、湿度条件好，出苗齐而早** 机插水稻全部采用塑盘育苗，播种后秧盘集中堆放，加上薄膜覆盖，提供了适宜、稳定的温度、湿度条件，因此，机插盘育秧普遍具有出苗快而齐、出苗率高的特点，一般播种后第二天露尖，第三天就可齐苗，比常规育秧提早 2～3 天。

2. 炼苗初始期，首叶生长慢　由于播后集中堆放，待基本齐苗（通常播后48 小时）后即移入秧田炼苗。该阶段正好第一片真叶露尖，幼苗要有一个适应的过程，生长趋缓，直至第二片真叶出现才逐渐恢复正常生长。

3. 机播密度高，适龄最重要　随着秧龄的增加，秧苗叶片数增多，叶面积增大，苗体中下部受光状况日趋恶化，土壤养分贮存量也日益减少，加之机播秧苗密度高，单株秧苗所占有的营养面积相对减少，这种光照、养分供求上的矛盾，导致秧苗的生长受到抑制，秧龄越长，秧苗的素质越差。因此，机插带土的秧苗，适宜的秧龄为 16～20 天。

（二）大田期的生长特点

1. 机械损伤重，缓苗期长　机插水稻一般叶龄 3.5 叶左右，此时秧苗正处于离乳期，且塑盘内播种密度高，秧苗间根系盘结紧密，机插时根系拉伤较重，秧苗个体素质不及肥床旱育秧苗。因而与人工插秧相比，机插秧活棵慢，返青期稍有推迟。

2. 生长期缩短，生长进程后移　机插水稻目前大多在粳稻栽培上应用，以晚熟中粳稻或中熟中粳稻为例，由于受秧龄和让茬的限制，与同品种的人工插秧栽培相比，播期一般推迟 15～20 天，致使水稻全生育期缩短，比人工插秧栽培稻缩短 10～15 天。随着全生育期的缩短，抽穗期和成熟期都相应延迟，因而机插水稻不宜选用全生育期长的品种。

3. 单株分蘖发生集中，群体高峰苗多，成穗率降低　机插水稻的育秧播种密度大，单苗营养面积和空间都很小，所以秧田期一般不发生分蘖，Ⅰ位蘖、Ⅱ位蘖为空位。大田期Ⅲ位蘖、Ⅳ位蘖的发生率较低，随着蘖位升高，分蘖发生率也相应提高。Ⅴ位蘖至Ⅶ位蘖发生率在 60%～90%，这几个蘖位分蘖发生率高，成穗率也较高，是高产栽培利用的主要蘖位。从群体发展看，机插水稻单位面积所插的基本苗数一般比人工插秧栽培多，但苗体瘦小，干重低，需通过 1.5～2个叶龄期的秧苗增粗、增重生长过程，才开始分蘖。分蘖发生后，群体分蘖增加速度快，与人工插秧栽培相比，往往够苗期、高峰苗期均提前 1 个叶龄期左右，而且高峰苗数容易偏多，致使成穗率下降，穗型容易变小。机插水稻的成穗率一般只能达到 65%～70%，难以达到人工插秧 80% 左右的成穗率。

4. 单穗颖花分化少，结实率高　由于机插水稻高峰苗和成穗数相对较多，因此，植株所处的田间环境相对较差。同时，机插水稻播种期较人工插秧推迟

15 天左右，秧苗的茎蘖营养生长期要缩短 10 天以上；个体发育相对较差，穗枝梗及颖花分化量有所减少，但优势颖花所占比例略有提高，因而结实率要高于人工插秧，正常要高出 1～2 个百分点，但每穗实粒数仍然不及人工插秧。

5. **机插水稻根系较发达** 由于机插入土较浅，前中期浅水灌溉，土表气、热状况良好，利于发根，且随着生长进程的推移，横向生长的根增多，向浅层发展。分蘖期和穗分化期 0～5 厘米土层根系比人工插秧分别多 12.4% 和 21.7%，在根系分布上，机插水稻 0～20 厘米土层内的根量占 90% 以上，比人工插秧多 5.5% 以上，20 厘米以下根量人工插秧所占比例明显比机插水稻多。机插水稻的根系较发达，且分布广而深，增强了稻株水分和养分的吸收运转机能，从而促进水稻的茎秆坚实、叶片增厚、根叶寿命延长，有利于增产。

三、栽培特点

（一）秧田期短，大田期长

机插水稻所用的毯状苗，一般秧龄 15～18 天，秧苗叶龄一般比常规湿润秧小 3～4 个，因而机插秧的大田有效分蘖蘖位延长 3～4 个，应利用机插水稻有效分蘖期较长的特点，尽量争取早分蘖，提高分蘖成穗率。

（二）秧苗细小，抗逆性差

在密插条件下，单苗的占地面积一般为 0.6 厘米^{2}左右，秧苗密集，苗体细小，对暴晒、大水、干旱等不良条件的抗御能力差，因此强调培育标准秧苗，增强抗逆能力。

（三）机插行距较大，有一定漏穴率

机插水稻一般采用宽行窄株的栽培模式，如东洋系列插秧机的行距固定为 30 厘米，这样的行距对于部分多穗型粳稻品种来说偏大，应控制株距，保证适宜密度。机插秧难免有一定的漏插，如漏穴率过高，可造成缺棵多而影响产量。应通过有效措施，把漏穴率控制在允许范围之内。

（四）播种晚，生长期偏迟

机插水稻插期推迟，苗龄小，生长进程滞后于人工插秧栽培水稻，在肥料运筹上不能等同于人工插秧栽培水稻。病虫防治的具体日期、水浆管理日期等，均相应迟于人工插秧栽培水稻。

机插水稻育秧技术

一、毯苗育秧技术

目前，江苏机插水稻大量使用毯苗育秧技术。毯苗育秧基本采用软盘育秧。该技术是从工厂化育秧的实践中总结出来的低成本、简易化育秧方式。该育秧方式质量好，成功率高。

（一）作业流程（图 2-1）

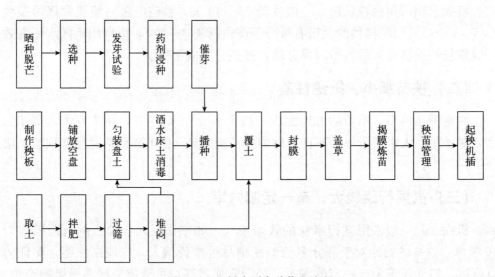

图 2-1 机插水稻育秧作业流程

（二）床土准备

1. **床土选择** 选用土壤肥沃，无残茬、砾石、杂草，无污染的壤土。适宜作床土的类型：一是菜园土；二是耕作熟化的旱田土（不宜在荒草地及当季喷施过除草剂的麦田取土）；三是秋耕、冬翻、春耕的稻田土。目前，在许多地方采用基质育秧。利用育秧基质代替营养土（底土）育秧保湿能力强、方便简单、盘根好、秧块轻、运输方便。

2. **床土用量** 每亩*大田一般需备营养细土 100 千克作床土，另备未培肥过筛的细土 25 千克作盖籽土。

3. **床土选择** 宜选用肥沃疏松的菜园土，过筛后可直接用作床土。

4. **床土加工** 选择晴好天气及土堆水分适宜时（含水率 10％～15％，细土手捏成团，落地即散）进行过筛，要求细土粒径不得大于 5 毫米，其中 2～4 毫米粒径的土粒达 60％以上。过筛结束后继续堆制并用农膜覆盖，集中堆闷，促使肥土充分熟化。也可用粉碎机进行碎土作业。

在早稻育秧及倒春寒多发地区，为防止发生立枯病等苗期病害，每立方米床土施用 75％敌磺钠可湿性粉剂 50～60 克兑水 1 000～1 500 倍进行消毒。

5. **两提倡、两注意、两禁止** 提倡冬前培肥，对碱性土壤要进行床土调酸消毒。提倡使用壮秧剂，可调酸、消毒、化控、培肥，每 100 千克细土加壮秧剂 0.5～1.0 千克，并充分拌匀。

注意预防立枯病等苗期病害，施用敌磺钠进行床土消毒，特别是春季低温以及倒春寒多发地区，尤为重要。注意冬前未培肥的，可不培肥，可在断奶期追肥达到能培育壮秧的目的。确需培肥，至少于播种前 30 天进行。拌肥过筛后一定要盖膜堆闷促进腐熟。

禁止用未腐熟的厩肥以及淤泥、尿素、碳酸氢铵等直接拌肥，以防肥害烧苗。禁止用培肥营养土做盖籽土。

（三）种子准备

1. **品种选择** 根据不同茬口、品种特性及安全齐穗期，选择适合当地种植的优质、高产、稳产、分蘖中等、抗性好的穗粒并重型优良品种，同等条件下以全生育期相对短的为宜。

2. **大田用种量与播种密度** 杂交稻一般每亩大田用种量为 1～1.5 千克，常规粳稻 3～3.5 千克。

为适应机插水稻的要求，播种量相对较高，一般杂交稻每盘芽谷的播种量为 80～100 克，常规粳稻的芽谷播种量为 120～150 克。播种量过大或过小，均不利于培育合格的机插秧苗。确定适宜落谷密度最基本的原则是均匀、盘根，即参照大田栽插的每穴苗数，在确保播种均匀与秧苗根系能够盘结的前提下，根据品

---

* 亩为非法定计量单位，1 亩≈667 米²。——编者注

种气候等因素可适当降低播种量，以提高秧苗素质，增加秧龄弹性。适宜播种量的计算公式如下：

$$播种量（干种，克）= \frac{实际成苗数 \times 千粒重}{发芽率 \times 成苗率 \times 1\,000}$$

以发芽率 97%、千粒重为 26 克的杂交稻为例，高密度育秧条件下的成苗率大致为 85%。一般要求杂交稻每平方厘米最终成苗 1～1.5 株，若按 1.5 株计，则每盘 1 624 厘米² 成苗 2 436 株，折算芽谷播种量约 100 克。一般情况下，早稻育秧的播种量可以在 80～100 克的范围内适当增加，而中、晚稻的播种量则可适当降低。

3. 种子处理　根据播期、机插面积，提前推算好种子用量及浸种、催芽时间。

（1）确定播期。机插育秧与常规育秧明显的区别：一是机插育秧播种密度高，二是机插秧苗根系集中在厚度仅为 2～2.5 厘米的薄土层中交织生长，因而秧龄弹性小，必须根据茬口安排。按照 20 天左右的秧龄推算播期，宁可田等秧，不可秧等田。机插面积大的，要根据插秧机工作效率和操作机器者技术熟练程度，安排好插秧进度，合理分批浸种，顺次播种，确保秧苗适龄移栽。

江苏目前以稻/（大、小）麦、稻/油菜茬口为主。不同的茬口条件下，适宜播期大致见表 2-1。

表 2-1　江苏不同茬口机插水稻适宜播期（供参考）

地　区	茬　口	移栽期（抢早栽）	3 叶期移栽	4 叶期移栽
江苏南部	油菜（大麦）	5 月 25～30 日	5 月 10～15 日	5 月 5～10 日
	小麦	6 月 5～10 日	5 月 20～25 日	5 月 15～20 日
江苏中部	油菜（大麦）	5 月 25～30 日	5 月 10～15 日	5 月 5～10 日
	小麦	6 月 10～15 日	5 月 25～30 日	5 月 20～25 日
江苏北部	油菜（大麦）	6 月 1～5 日	5 月 15～20 日	5 月 10～15 日
	小麦	6 月 15～20 日	5 月 30～6 月 5 日	5 月 25～5 月 30 日

（2）精选种子。尽可能选用标准的商品种子，普通种子在浸种前要做好晒种、脱芒、选种、发芽试验等工作。种子的发芽率要求在 90% 以上，发芽势达 85% 以上。

采用传统盐水法选种时，盐水密度为 (1.06～1.10)×10³ 千克/米³（即用新鲜鸡蛋放入盐水中，鸡蛋浮出水面面积为 2 分硬币大小即可）。盐水选种后要用清水淘洗种子，清除谷壳外盐分，以防影响发芽，洗后晒干备用或直接浸种。

杂交稻种子一般采用风选法选种。选种前先将种子晒 1～2 天，再用低风量扬去空瘪粒，确保种子均匀饱满，发芽势强。

（3）药剂浸种。水稻以稻种带菌为主的病害有恶苗病、稻瘟病、稻曲病、白叶枯病，此外还有苗期由灰飞虱传播的条纹叶枯病等，这些病害均可用药剂浸种的方法来防治。浸种时选用 25% 咪鲜胺 10 毫升兑水 2～3 千克浸泡 2 千克种子。常规稻一般药剂浸种 48 小时，杂交稻浸种一般不超 48 小时。

（4）催芽。催芽的主要技术要求是快、齐、匀、壮。快是指 2 天内催好芽；齐是指要求发芽势达 85% 以上；匀是指芽长整齐一致；壮是指幼芽粗壮，根长、芽长比例适当，颜色鲜白，气味清香，无酒味。

（5）破胸。自稻谷上堆至种胚突破谷壳露出时，称为破胸阶段。种子吸足水分后，适宜的温度是破胸快而整齐的主要条件，在 38 ℃的温度上限内，温度越高，种子的生理活动越旺盛，破胸也越迅速而整齐；反之，则破胸越慢，且不整齐。一般上堆后的稻谷在自身温度上升后要掌握谷堆上下、内外温度一致，必要时进行翻拌，使稻种间受热均匀，促进破胸整齐迅速。机播稻以种谷破口露白为宜，催芽达到标准后，置室内摊晾 4～6 小时即可播种。

（四）秧盘的型号与规格

进行软盘育秧时，每亩大田一般要准备软盘 25 张左右，采用机械流水线播种的，每台流水线需备足硬盘，用于脱盘周转。软盘表面平整，无色差，边角垂直，光滑无皱折、无扭曲、无残缺、无裂痕，边缘无毛刺。

（五）苗床处理

根据育秧规模，选择地势平坦，排灌分开，背风向阳，水源清洁，邻近大田的熟地作秧田，也可选择宅前屋旁的肥沃菜地作秧田。秧田、大田比例宜为 1:（80～100），一般每亩大田需秧池田 7～10 米^2。避免将荒草地、药害田、水土污染田作为秧田。

播前 10 天精做秧板，苗床宽 1.4～1.5 米，长度视需要和地块大小确定，秧板之间留宽 20～30 厘米、深 20 厘米的排水沟兼管理通道。秧池外围沟深 50 厘米，围埂平实，埂面一般高出秧床 15～20 厘米，开好平水缺。为使秧板面平整，可先上水进行平整，秧板做好后排水晾板，使板面沉实。播种前 2 天铲高补低，填平裂缝，充分拍实，使板面达到实、平、光、直。实即秧板沉实不陷脚；平即板面平整无高低不平处；光即板面无残茬杂物；直即样板整齐、沟边垂直（图 2-2）。

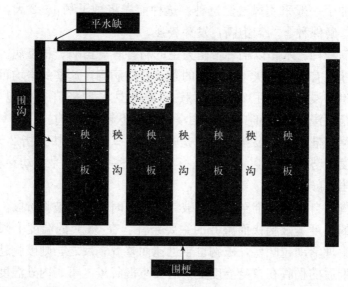

图 2-2　苗床示意

（六）精量播种

1. **人工播种**　在软盘育秧过程中，各操作环节的标准化是确保育秧质量的基础。其中，播种质量直接关系到秧苗素质和机插质量，为此，实际操作中，要根据具体的品种准确计算播种量，力争播种均匀。

（1）顺次铺盘。秧板上平铺软盘，为充分利用秧板和便于起秧，每块秧板横排两行、依次平铺、紧密整齐，盘与盘的飞边要重叠排放，盘底与床面紧密贴合。

（2）匀铺床土。铺撒准备好的床土，土层厚度为 2～2.5 厘米，厚薄均匀，土面平整。

（3）补水保墒。播种前 1 天，灌平沟水，待床土充分吸湿后迅速排水，亦可在播种前直接用喷壶洒水，要求播种时土壤饱和含水率达 85%～90%。

（4）播种。播种时按盘称种。一般常规粳稻每盘均匀播破胸露白芽谷 120～150 克，杂交稻播 80～100 克。为确保播种均匀，可以 4～6 盘为一组进行播种，播种时要做到分次细播，力求均匀。

（5）匀撒覆土。播种后均匀撒盖籽土，覆土厚度为 0.3～0.5 厘米，以盖没芽谷为宜，不能过厚。注意要使用未经培肥的过筛细土，不能用拌有壮秧剂的营养土。盖籽土撒好后不可再洒水，以防表土板结影响出苗。

（6）封膜保墒。覆土后，灌平沟水湿润秧板后，迅速排放，弥补秧板水分，并沿秧板四周整好盘边，保证秧块尺寸。

芽谷播后需经过一定的高温高湿才能达到出苗整齐，一般要求温度在 28～35 ℃，湿度在 90％以上。为此，播种覆土后，要封膜盖草，控温保湿促齐苗。

封膜前在板面每隔 50～60 厘米放一根细芦苇或铺一薄层麦秸草，以防农膜粘贴床土导致闷种。盖好农膜，须将四周封严实，农膜上铺盖一层稻草，厚度以看不见农膜为宜，预防晴天中午高温灼伤幼芽。对气温较低的早春育秧或倒春寒多发地区，要在封膜的基础上搭建拱棚增温育秧。拱棚高约 0.45 米，拱架间距 0.5 米，覆膜后四周要封压严实。在鼠害发生地区，要在苗床膜外四周撒上鼠药，禁止将鼠药撒入棚膜内。

2. 机械化育秧播种　盘式育秧也可采用机械播种。水稻育秧播种机可以分别进行铺土、播种、覆土等作业，而播种流水线则可一次性完成铺土、洒水、播种、覆土等工序的作业。机械播种的效率高、质量好。目前，生产中使用较多的育秧播种机，主要包括手推式播种机、手摇式播种机、水稻育秧播种流水线作业机械等。它们的基本原理相同，在排种方式上，主要分为带状排种和窝眼式排种两种。带状排种的播种机，作业效率高，但在低播种量的情况下，播种的均匀度不理想。而窝眼式播种基本解决了带状播种低播种量条件下的均匀性问题，但作业效率相对较低。

采用机械播种时，要准备适宜数量的硬塑盘作为托盘周转。播前要调试好播种机，使盘内底土厚度稳定在 2～2.5 厘米；精确调整好播种量，使每盘播芽谷稳定在预先确定的适宜范围；覆土厚度 0.3～0.5 厘米，以看不见芽谷为宜；洒水量控制在底土水分达饱和状态，覆土后 10 分钟内，盘面干土应自然吸湿无白面。

播种结束后可在田间脱去硬盘，置软盘于秧板上；也可在室内叠盘增温出芽后，移至秧田进行脱盘。此时软盘仍需在秧板上横排两行、依次平铺，做到紧密整齐，盘底与床面密合。播种后立即盖无纺布，秧苗期保持无纺布湿润，随着秧苗生长无纺布自由放松，根据秧苗生长情况及时揭去无纺布。

（七）苗期管理

培育适合机插的健壮秧苗是推广水稻机械化插秧成败的关键。"秧好半熟稻，苗好产量高"，可见秧苗素质对水稻生长后期的穗数、粒数和粒重起着重要作用。机械化插秧对秧苗的基本要求是总体均衡、个体健壮，要求"一板秧苗无高低，一把秧苗无粗细"。因此，苗期管理的技术性和规范性较强。

1. 高温高湿促齐苗　经催芽的稻种，播后需经一段高温高湿立苗期，才能保证出苗整齐，因此应根据育秧方式和茬口的不同，采取相应的增温保湿措施，确保安全齐苗。同时，秧田要开好平水缺，避免降雨淹没秧床，造成闷种烂芽。

(1) 封膜盖草立苗。封膜盖草立苗适于气温较高时的麦茬稻育秧，包括双膜育秧、软盘手播及机播直接脱盘三种类型。立苗期要注意两点：一是把握盖草厚度，薄厚均匀，避免晴天中午高温烧苗；二是雨后及时清除盖膜上的积水，以免造成膜面积水，以及覆盖的稻草淋湿加重，局部受压似"贴膏药"，造成闷种烂芽，影响全苗。

(2) 拱棚立苗。拱棚立苗法适于气温较低时的早春茬育秧和倒春寒多发地区育秧，此法立苗在幼芽顶出土面后，晴天中午棚内地表温度要控制在 35℃以下，以防高温灼伤幼苗。

从播种到出苗期，一般为棚膜密封阶段，以保温保湿为主，只有当膜内温度超过 35℃时，才可于中午揭开苗床两头通风降温，随后及时封盖。此期间，若床土发白、秧苗卷叶，应灌跑马水保湿。

2. 及时炼苗

(1) 揭膜炼苗。盖膜时间不宜过长，揭膜时间因当时气温而定，一般在秧苗出土 2 厘米左右、不完全叶至第一叶抽出时（播后 3～5 天）揭膜炼苗。若覆盖时间过长，遇烈日高温容易灼伤幼苗。揭膜原则：晴天傍晚揭，阴天上午揭，小雨雨前揭，大雨雨后揭。若遇寒流低温，宜推迟揭膜，并做到日揭夜盖。

(2) 拱棚秧的炼苗。秧苗现青后，视气温情况确定拆棚时间。当最低气温稳定在 15℃以上时，方可拆棚，否则，可采用日揭夜盖法进行管理，并保持盘土（或床土）湿润。

3. 科学管水

(1) 湿润管理。即采取间歇灌溉的方式，做到以湿为主，达到以水调气、调肥、调温、护苗的目的。

(2) 操作要点。揭膜时灌平沟水，自然落干后再上水，如此反复。晴天中午若秧苗出现卷叶，要灌薄水护苗，雨天放干秧沟水；早春茬秧遇到较强冷空气侵袭，要灌拦腰水护苗，回暖后待气温稳定再换水保苗，防止低温伤根和温差变化过大而造成烂秧和死苗；气温正常后及时排水透气，提高秧苗根系活力。移栽前 3～5 天控水炼苗。

(3) 控水管理。与常规肥床旱育秧管水技术基本相似，即揭膜时灌一次足水（平沟水），洇透床土后排放（也可采用喷洒补水）。同时清理秧沟，保持水系畅通，确保雨天秧田无积水，防止旱秧淹水，失去旱育优势。此后若秧苗中午出现卷叶，可在傍晚或次日清晨人工喷洒水一次，使土壤湿润即可。不卷叶不补水。

补水的水质要清洁，否则易造成死苗。

4. 用好断奶肥 断奶肥的施用要根据床土肥力、秧龄和气温等具体情况因地制宜地进行，一般在一叶一心期（播后 7～8 天）施用。每亩秧池田用尿素 5 千克（约合每盘用尿素 2 克）兑水 500 千克，于傍晚秧苗叶片吐水时浇施。床土肥沃的也可不施，麦茬田为防止秧苗过高，施肥量可适当减少。

5. 病虫害防治 秧田期病虫主要有稻蓟马、灰飞虱、立枯病、螟虫等。秧田期应密切注意病虫害发生情况，及时对症用药防治。近年来，水稻条纹叶枯病的发生逐年加重，务必做好灰飞虱的防治工作，可于一叶一心期用 5％吡虫啉片剂 40 克加 80 千克水喷施。另外，早春茬育秧期间气温低，温差大，易遭受立枯病的侵袭，揭膜后结合秧床补水，每亩秧池田用 70％敌磺钠可湿性粉剂 1 000～1 500倍液 600～750 千克撒施预防。

6. 辅助措施 在提高播种质量，抓好秧田前中期肥水管理的同时，二叶期根据天气和秧苗长势可配合施用壮秧剂。若气温较高，雨水偏多，苗量生长较快，特别是不能适期移栽的秧苗，每亩秧池田用 15％多效唑可湿性粉剂 50 克，兑水稀释至 2 000 倍液喷雾（切忌用量过大，喷雾不匀，如果床土培肥时已使用过旱育秧壮秧剂的不必使用），以延缓植株生长速度，同时促进横向生长，增加秧苗的干物质含量。

（八）栽前准备

搞好机插育秧栽前准备工作，是确保苗体素质、增强栽后抗逆性、促进秧苗早生快发的一个重要措施，具体应抓好以下几个环节。

1. 看苗施好送嫁肥 秧苗体内氮素水平高，则发根能力强；碳素水平高，则抗植伤能力强。要使移栽时秧苗具有较强的发根能力，又具有较强的抗植伤能力，栽前务必要看苗施好送嫁肥，促使苗色青绿，叶片挺健清秀。具体施肥时间应根据机插进度分批使用，一般在移栽前 3～4 天进行。用肥量及施用方法应视苗色而定：叶色褪淡的脱力苗，亩用尿素 4～4.5 千克兑水 500 千克，于傍晚均匀喷洒或泼浇，施后并洒一次清水以防肥害烧苗；叶色正常、叶片挺拔而不下披苗，每亩用尿素 1～1.5 千克兑水 100～150 千克进行根外喷施；叶色浓绿且叶片下披苗，切勿施肥，应采取控水措施来提高苗质。

2. 适时控水炼苗 栽前通过控水炼苗，减少秧苗体内自由水含量、提高碳素水平、增强秧苗抗逆能力，是培育壮秧健苗的一个重要手段，控水时间应根据移栽前的天气情况而定。春茬秧由于早播早插，栽前气温、光照强度、秧苗蒸腾量与麦茬秧比均相对较低，一般在移栽前 5 天控水炼苗。麦茬秧栽前气温较高，蒸腾量较大，控水时间宜在栽前 3 天进行。控水方法：晴天保持半沟水，若中午秧苗卷叶时可采取洒水补湿；阴雨天气应排干秧沟积水，特别是在起秧栽插前，雨前要盖膜遮雨，防止床土含水率过高而影响起秧和栽插。

3. **坚持带药移栽** 机插秧苗由于苗小，个体较嫩，易遭受螟虫、稻蓟马及栽后稻象甲的危害，栽前要进行一次药剂防治工作。在栽前 1～2 天亩用 2.5%氰戊·辛硫磷乳油 30～35 毫升兑水 40～60 千克进行喷雾。在水稻条纹叶枯病发生区，防治时应亩加 10%吡虫啉乳油 15 毫升，控制灰飞虱的带毒传播危害，做到带药移栽，一药兼治。

二、钵苗育秧技术

钵苗机插水稻是稻作生产方式上的重大技术革新，是集水稻抛秧和机插优势于一体的新技术，一般较塑盘毯状小苗机插水稻增产 10% 左右。钵盘可育出根部带有完整钵状营养土块的水稻秧苗，具有稀播长秧龄、秧体干质量大、充实度高等特点。钵苗移栽时带钵土，不伤根，无植伤，因此，栽后基本无缓苗现象，分蘖发生早，前期生长旺盛，植株粗壮，出穗早，穗大粒多，产量高。钵苗机插有利于水稻适当提早成熟，对多熟制地区确保下茬小麦及时播种具有一定意义。目前，在一些大的农场采用钵苗育秧技术。也是国家积极推广的一项技术。

（一）作业流程

育秧准备（品种选择与准备、床土培肥与加工、秧田制作、材料准备）→精量播种→暗化出苗→摆盘→秧田管理→大田机插→大田管理。

（二）床土准备

1. **床土选择** 方法同毯苗育秧技术。

2. **床土用量** 常规稻按 70 千克/亩备足营养土，杂交稻按 60 千克/亩备足营养土，每盘用土量约 1.5 千克。

3. **床土加工** 与毯苗相比，钵苗机插水稻机械化播种要经过 2 次营养土被压实的过程，导致土壤过于紧实，透水通气性差，水稻在发芽的过程中容易缺氧，导致水稻烂种烂芽，严重影响出苗。因此，解决钵苗机插水稻土壤成球和土壤通气的矛盾是提高钵苗机插水稻成苗率的关键。在配制营养土过程中添加壮秧剂、河沙和土壤黏结剂 3 种物质，能有效调节土壤的孔隙度，保持钵内土壤含水量适宜、不板结、通气良好，为水稻发芽出苗创造有利条件。壮秧剂起到供肥、调酸、控高、防病等作用，每 100 千克细土加壮秧剂 0.5 千克进行配比，严格控制用量，并与营养土充分拌匀，以防壮秧剂使用不匀而伤芽伤苗。河沙具有明显改善土壤通透性和提高钵体抗压强度的作用。河沙用量为营养土总重量的 30% 以上为宜。土壤黏合剂具有促进根系生长、秧苗盘根，提高土壤团聚力，增加土壤团粒多孔性，提高水分渗透力的作用。土壤黏结剂按每亩大田 50 克使用。以上壮秧剂、河沙和土壤黏结剂 3 种育苗材料，在播种前 3 天与过筛细土进行均匀混拌，然后继续堆闷待用。

（三）种子准备

1. **品种选择**　根据不同茬口、品种特性及安全齐穗期，选择适合当地种植的优质、高产、稳产、分蘖中等、抗性好的穗粒并重型品种，同等条件下以全生育期相对短的为宜。

2. **大田用种量与播种密度**　钵苗机插水稻播种量小，栽插行距大，基本苗数少，一般杂交稻基本苗数为 2.5 万～3.0 万/亩，常规稻基本苗数为 6.0 万～7.0 万/亩，与毯苗机插水稻相比分别减少 1.5 万～2.0 万/亩和 3.0 万～4.0 万/亩。钵苗机插水稻的增产途径是在适宜穗数的基础上依靠壮秆大穗来实现。一般大田用种量常规粳稻为 3.0 千克/亩左右，杂交粳稻为 2.0 千克/亩左右，杂交籼稻为 1.5 千克/亩左右。播前种子必须机械去芒，种子质量符合粮食作物种子禾谷类标准。单穴苗数对分蘖成穗及产量的影响非常重要。常规粳稻用种量 3.2 千克/亩左右，平均每孔适宜 4 苗左右，每孔播种 6～7 粒，每盘播干种量 80 克左右；杂交粳稻用种量 2.25 千克/亩左右，每孔适宜 3 苗左右，每孔播种 4～5 粒，每盘适宜播量 50 克左右；杂交籼稻用种量 1.50 千克/亩左右，每孔适宜 2.5 苗左右，每孔播种 3～4 粒，每盘适宜播量 40 克左右。硬盘数量按照常规稻用秧盘 40 张/亩，杂交粳稻用秧盘 35 张/亩，杂交籼稻用秧盘 30 张/亩准备。

3. **种子处理**　根据播期、机插面积提前推算好种子用量及浸种、催芽时间。

（1）确定播期。根据水稻品种特性、安全齐穗期及茬口确定移栽期。一般根据适宜移栽期，按照秧龄 20～25 天推算播种期，做好分期播种，防止超龄移栽。

（2）精选种子。方法同毯苗育秧技术。

（3）药剂浸种。方法同毯苗育秧技术。

（4）催芽。方法同毯苗育秧技术。

（四）秧盘的型号与规格

钵苗育秧盘是水稻机械成套设备的核心载体，采用特殊树脂注塑成形，秧盘底部均匀分布可自由开关的 Y 形花瓣孔钵体，排水和苗床吸收养分功能兼备，具有弹性强、平整度高、抗老化、使用寿命长（使用寿命达 8 年以上）、绿色环保等特点（图 2-3 和表 2-2）。秧盘可育出根部带有完整钵状营养土块的秧苗，秧苗具有独立形成钵球、根系发达、秧体干重大、充实度高等特点。秧苗移栽时带钵土，不伤根，

图 2-3 钵苗育秧盘

无植伤，栽后无缓苗现象，生长旺盛，有利于培育植株粗壮、优质、环保的高产群体。

表 2-2 钵苗育秧盘主要技术参数

名 称		水稻钵苗育秧盘
型 号		D448P
外形尺寸	长（毫米）	618
	宽（毫米）	315
	高（毫米）	25
质量（克）		420
钵体型式	上部直径（毫米）	16
	下部直径（毫米）	10
	花瓣形状	Y 形
	钵体数（个）	448

（五）苗床处理

选择地块平整、土质肥沃、运秧方便、灌排水条件好的田地。按照秧田与大田比留足秧田，常规稻秧田与大田比为 1：50，杂交稻为 1：60。秧田必须适当提前耕翻晒垡，细碎土壤。实践证明，钵苗机插水稻秧田整地与秧板制作不宜采用水整方法，而适宜采用旱整方法。主要原因是水整的秧田在脱水落干后，表层土壤易龟裂翘起，导致秧板表面不平，秧盘不能与秧板紧贴，易悬空，根系不能下扎，严重影响秧苗的正常生长。而采用旱整方法，可克服上述问题，秧盘与苗床相互紧贴，根系吸收水分和养分速度快、下扎深，水稻秧苗生长一致、盘根好。采用旱整（通气育秧）方法进行秧板制作的基本流程：首先在耕翻冻融和旋耕的基础上，用激光平土仪进行平整，再用机械开沟作畦，晒垡 2～3 天后，上

水人工验平 1~2 次，排水晾板，使板面沉实，播前 2~3 天再次铲高补低，填平裂缝，并充分拍实，板面达到实、平、光、直的要求。秧板规格掌握畦宽 1.50 米、畦沟宽 0.25 米、沟深 0.20 米，做到灌、排分开，内、外沟配套，能灌、能排、能降。

钵苗机插水稻育秧与毯苗育秧明显不同的是必须强化秧田培肥，提高土壤养分浓度，主要原因有两点。一是钵苗机插水稻秧苗与毯苗相比，秧龄长，水稻根系能深扎到苗床土中，秧苗所需的养分主要通过苗床土吸收，所以必须提高苗床土壤养分浓度。二是钵苗机插水稻秧田水层管理不宜长时间建立水层，以旱育为主，否则，秧苗根系容易上冒，发生串根现象，严重影响栽插；在旱育条件下，控水必然控肥，故必须增加供肥强度，才能满足秧苗生长发育所需的养分供应，而不能仅仅依靠追肥（追肥必须建立水层，否则容易烧苗，而建立水层又会影响旱育效果）。因此，钵苗机插水稻秧田培肥是培育壮秧的基础，秧池（田）不壮不可能育出壮秧来。

钵苗培肥一般在育秧前 30 天，筛过细土以后，结合整地进行。一般用无机肥培肥，参考用量：每亩秧田施用高浓度氮、磷、钾复合肥（氮、磷、钾有效养分含量分别为 15%、15%、15%）60 千克＋尿素 30 千克，撒肥后再及时进行旋耕埋肥，开沟做畦，整平板面。

（六）精量播种

钵苗机插水稻机械播种流程和方式与毯苗机插明显不同，钵苗机插水稻机械播种基本流程：硬盘放入播种流水线进口→播底土→用铁球第一次压实→播种→用铁球第二次压实→覆土→洒水→集中暗化出苗→摆盘放入秧田→秧田管理。

1. **播种**　播种量以每盘均匀播潮谷杂交稻 50 克、粳稻 70~75 克为宜。常规粳稻每孔播种 6~7 粒，杂交粳稻每孔播种 4~5 粒，杂交籼稻每孔播种 3~4 粒。

采用机械播种流水线定量播种，播前要严格调试播种机，使其在最佳状态。要注意以下几点：①要调整播种机在水平状态，否则会造成播种不匀和覆土不均；②要调整好播种量，按不同类型水稻品种（长粒或者圆粒）选择好不同型号的播种槽轮，播种量（平均每孔实际播种粒数）要在正式播种之前先调整到位，调整播种量要注意每孔播种量、秧盘左右两侧播种量要保持一致；③要调整好洒水量，基本浸透土壤即可，洒水量不要过大，避免钵内水分过多，造成缺氧烂种，或把种子和泥土冲到盘面上，湿度掌握不好，易造成出苗率低、移栽时钵体顶出率低等；④要调整好用土量，控制钵内营养底土厚度稳定达到 2/3 孔深，覆土控制在 0.5 厘米高左右，盖表土厚度不超过盘面，以不见芽谷为宜。

2. 暗化出苗 实践证明，通过硬盘叠加暗化出苗，可使每张盘的温、湿度适宜并保持一致，出苗整齐，空穴率低，不但解决了生产上出苗难的问题，同时也降低了废盘率，节省了大量的秧盘，而且通过暗化技术降低了对苗床质量的要求，省工节本效果明显。钵苗机插水稻暗化出苗是将播种好的秧盘及时叠加在一起进行出苗，地点要选择在室外阳光直射的地方。注意叠放时做到上下两层秧盘要垂直交叉排列，保证上面秧盘的孔放置在下面秧盘的槽上。每摞叠放的秧盘数量以 20 盘为宜，每摞秧盘间留有一定空隙，空隙为 30 厘米左右。为保证每张秧盘暗化温、湿度尽量一致，每摞最底层盘的下面要垫上保温材料或空秧盘进行支撑，每摞最上面放置一层没有播种，但带土洒水的秧盘。秧盘叠放结束，及时盖上黑色塑料布，并用细土压实。以后每天定时掀起塑料布，对堆叠的秧盘四周进行观察，发现秧盘四周盘孔缺水，要用喷壶及时洒水。暗化 3~4 天后，待水稻不完全叶长出时，即可揭去塑料布，并进行摆盘。

3. 顺次铺盘 摆盘前畦面要铺切根网。所谓切根网就是细孔尼龙纱布（网孔面积小于 0.5 厘米^2）。摆盘前，畦面铺切根网，以防秧盘在起秧时底部粘连土壤，不利于起秧。摆盘是直接将暗化处理过的秧盘沿秧盘长度方向并排对放于畦上，盘间紧密铺放，秧盘与畦面紧贴不吊空。秧板上摆盘要求摆平、摆齐。在摆盘后，应立即灌 1 次出苗水，做到速灌速排。摆盘时，每块秧板横排两行，依次平铺，紧密整齐，盘与盘的飞边要重叠排放，盘底与床面紧密贴合。

4. 封膜盖草 掌握钵土湿度达饱和含水量的 75%~85% 时，平盖农膜。膜面上均匀加盖稻草，盖草厚度每平方米秧田盖干稻草 0.6 千克，晴好天气适量增加，反之减少，以基本看不见薄膜为宜。秧田四周开好放水缺口，避免出苗期降雨导致秧田积水，造成烂芽。

（七）苗期管理

1. 防覆盖物被大风、动物破坏 播种后必须经常观察盖草是否被畜禽或风等破坏，一经破坏，必须立即修补。

2. 及时炼苗 齐苗后，在第二片完全叶抽出 1.0~3.0 厘米时，揭膜炼苗。揭膜要求：晴天傍晚揭，阴天上午揭，小雨雨前揭，大雨雨后揭。

3. 科学给水 揭膜当天补 1 次足水，随揭膜随补水，而后观其秧苗卷叶情况，不卷叶不补水，卷叶到什么地方，补水到什么地方。

4. 病虫害防治 方法同毯苗育秧技术。

（八）栽前准备

1. **秧苗追肥** 钵苗在强化秧田苗床培肥的基础上，还要注意及早进行秧苗追肥工作，防止秧苗落黄，保证水稻 4 叶期长粗，并有分蘖发生。主要措施是早施断奶肥，及时补充营养，促进水稻秧苗由"异养"转入"自养"。断奶肥于 2 叶期施用，每盘撒施 4 克复合肥。复合肥氮、磷、钾总有效养分含量≥45％，比例分别为 15％、15％、15％。施肥后用喷壶轻洒清水，防止烧苗。4 叶期到移栽主攻目标：增强移栽后的抗植伤能力和发根能力。关键在于提高苗体的碳、氮营养含量，以控水健根壮苗。主要措施是施好送嫁肥，注意控水。送嫁肥于移栽前 2～3 天施用，每盘用复合肥 5 克左右。

2. **及时化控，防止秧苗旺长** 钵苗育秧在营养土中应用壮秧剂，因其含有多效唑，对秧苗高度有一定控制作用，但当秧龄超过 20 天时，壮秧剂控高效果逐渐消退，秧苗明显增高。因此，对于钵苗秧龄达到 30 天情况下，必须单独施用多效唑进行化控，防止秧苗旺长，控制秧苗高度不超过 20 厘米，以适应机插。从试验结果来看，在一定秧龄范围内，秧苗化控可分 2 次进行，第一次在 2 叶期左右，每百张秧盘可用 15％多效唑粉剂 4～5 克，第二次在 4 叶期左右，每百张秧盘可用 15％多效唑粉剂 5～6 克，兑水喷施，喷雾要均匀、细致。如果使用时秧苗叶龄较大或因机栽期延迟将导致秧龄较长，都需要适当增加多效唑用量。

机插水稻大田栽插技术

一、高性能插秧机介绍

(一)插秧机

1. **插秧机的工作原理和分类** 目前，国内外较为成熟并普遍使用的插秧机，其工作原理大体相同。发动机分别将动力传递给插秧机构和送秧机构，在两大机构的相互配合下，插秧机构的秧针插入秧块抓取秧苗，并将其取出下移，当移到设定的插秧深度时，由插秧机构中的插植叉将秧苗从秧针上压下，完成一个插秧过程。同时，通过浮板和液压系统，控制行走轮与机体的相对位置和浮板与秧针的相对位置，使得插秧深度基本一致。

插秧机通常按操作方式和插秧速度进行分类。按操作方式可分为步行式插秧机和乘坐式插秧机。按插秧速度可分为普通插秧机和高速插秧机。目前，步行式插秧机均为普通插秧机；乘坐式插秧机有普通插秧机和高速插秧机。按插秧机栽插行数分，步行式有2、4、6行，乘坐式有4、5、6、8、10行等种类。按栽植秧苗区类型分为毯苗插秧机及钵苗插秧机两种，江苏使用毯苗插秧机较多。钵苗插秧机结构较复杂，需专用秧盘，使用费用高。

2. **插秧机的主要技术特点**

(1)基本苗、栽插深度、株距等指标可以量化调节。插秧机所插基本苗由每亩所插的穴数（密度）及每穴株数所决定。根据水稻群体质量、栽培扩行减苗等要求，插秧机行距固定为30厘米，株距有多挡或无级调整，达到每亩1万～2万穴的栽插密度。通过调节横向移动手柄（多挡或无级）与纵向送秧调节手柄（多挡）来调整所取小秧块面积（每穴苗数），达到适宜基本苗，同时插深也可以通过手柄方便地精确调节，能充分满足农艺技术要求。

(2)具有液压仿形系统，可提高水田作业稳定性。它可以随着大田表面及硬底层的起伏，不断调整机器状态，保证机器平衡和插深一致。同时随着土壤表面因整田方式而造成的土质硬软不同的差异，保持船板一定的接地压力，避免产生强烈的壅泥排水而影响已插秧苗。

（3）机电一体化程度高，操作灵活自如。高性能插秧机具有世界先进机械技术水平，自动化控制和机电一体化程度高，充分保证了机具的可靠性、适应性和操作灵活性。

（4）作业效率高，省工节本增效。步行式插秧机的作业效率最高可达 4 亩/时，乘坐式高速插秧机 7 亩/时。在正常作业条件下，步行式插秧机的作业效率一般为 2.5 亩/时，乘坐式高速插秧机为 5 亩/时，远远高于人工栽插的效率。

（二）毯苗插秧机

毯苗插秧机有步行式插秧机和高速插秧机两种。

步行式插秧机是一种适合我国目前农村自然及经济条件，价格较为低廉的插秧机。所谓步行就是手握机器手柄，步行前进操纵机器。这种机器结构简单、轻巧、操作灵便，使用安全可靠，容易控制机插质量。步行式插秧机按行数分 2、4、6 行等型号，一般都选用 4 行机，6 行机效率较高些，但增加了操纵难度。市场上有国产、合资、独资企业生产的多个品种可供选用，如富来威、东洋、井关、久保田、亚细亚等，其结构大同小异。由于步行式插秧机目前使用不多，此书不做详细介绍。下面介绍市面比较常见的高速插秧机。

1. 型号与特点 高速插秧机是具有高科技含量的机型，与步行式机型相比有舒适、高效率的优势，且有驾乘汽车的感觉。高速插秧机有 4、5、6、8、10 行等机型，行数越多，效率越高，但机器较笨重、价格偏高。一般使用 6 行机型，发动机在 7～12 马力*，性价比较为适宜。现以东洋 P600 高速插秧机为例介绍其各性能参数，其他型号可参照使用（表 3-1）。

表 3-1 东洋 P600 插秧机主要技术规格

	型　　号	P600
	类　　别	乘坐，6 行
尺寸	长（毫米）	2 960（3 020）
	宽（毫米）	2 010（2 870）
	高（毫米）	1 450（1 540）
	重量（千克）	550
发动机	型号	FE290G-7SX
	总排气量（毫升）	286
	功率/转速［马力/（转/分）］	7.0（最大 8.06）/1 800

---

* 马力为非法定计量单位，1 马力＝735.499 瓦。——编者注

（续）

行驶部分	车轮	种类	包胶叶轮
		外径（毫米）	620（前轮）/850（后轮）
	变速挡数		前进3、后退1（副变速有5挡）
插秧部分	插秧臂种类		回转式
	秧苗传送方式/秧苗箱容量		皮带/2.2 枝
	行数/行距（厘米）		6/30
	株距（厘米）/每3.3米²穴数		14.5，12.8，11.3/75，85，95
	插秧深度（厘米，可调节）		0～4.6
	横取苗量（次）/纵取苗量（毫米）		18，20，24（可调3挡）/8～17
效率	工作效率（亩/时）		4.7～7.5
	插秧速度（米/秒）		0.15～1.2
苗的条件	苗的种类		苗盘育苗
	苗高（厘米）		幼苗10～18；中苗15～25（最大30）
	叶龄（叶）		2～5
田间条件	耕深（厘米）		8～20
	水深（厘米）		1～4

（1）特征。

① 回转式插秧臂具有快速运转的特点（转一圈插两次）。

② 采用自动调节的液压仿形装置。

③ 用监视器来了解加秧时间和插秧臂状态。插秧离合器在"插秧"位置和"不插秧"位置，分别有指示灯提示。需要供秧时，会发出报警声响。

④ 采用四轮驱动，出入田块和过埂过沟时，十分方便。

⑤ 灵敏度很高的5段液压感应器，可自动调节适应地块的软硬程度。

⑥ 插秧深度和株距可轻松调节。

⑦ 方向盘液压系统助力，操作轻快、方便。

东洋P600插秧机前部各部分名称见图3-1。

东洋P600插秧机后部各部分名称见图3-2。

东洋P600插秧机操作台部分名称见图3-3。

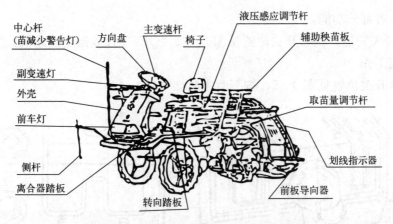

中心杆
(苗减少警告灯)
副变速灯
外壳
前车灯
侧杆
离合器踏板
方向盘
主变速杆
椅子
转向踏板
液压感应调节杆
辅助秧苗板
取苗量调节杆
划线指示器
前板导向器

图 3-1　东洋 P600 插秧机前部各部分名称

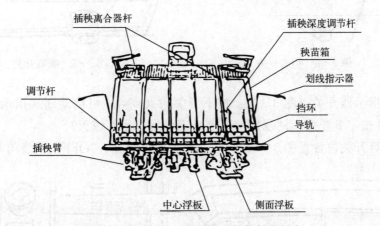

插秧离合器杆
调节杆
插秧臂
插秧深度调节杆
秧苗箱
划线指示器
挡环
导轨
中心浮板
侧面浮板

图 3-2　东洋 P600 插秧机后部各部分名称

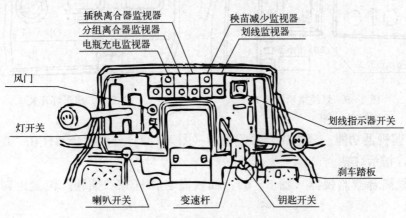

插秧离合器监视器
分组离合器监视器
电瓶充电监视器
风门
灯开关
喇叭开关
变速杆
秧苗减少监视器
划线监视器
划线指示器开关
刹车踏板
钥匙开关

图 3-3　东洋 P600 插秧机操作台部分名称

（2）各部分功能。

① 开关功能。钥匙开关位置见图3-4。"OFF"代表停止发动机，"ON"代表发动机工作。

喇叭开关位置见图3-5，按下时喇叭会响。

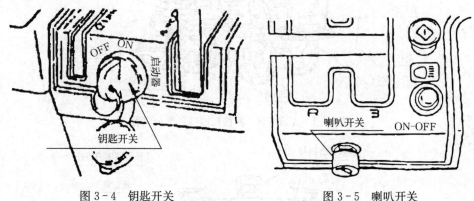

图3-4　钥匙开关　　　　　　　　　图3-5　喇叭开关

划线指示器开关（图3-6）：按下开关时（ON），可启动划线指示器（指示灯亮）。再按一下开关，划线指示器停止工作（指示灯熄灭）。

前车灯开关位置见图3-7。"ON"代表前车灯亮，"OFF"代表前车灯熄灭。

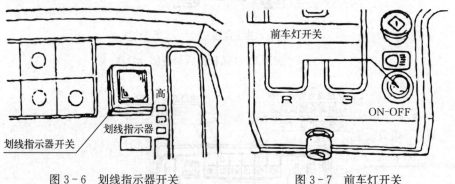

图3-6　划线指示器开关　　　　　　图3-7　前车灯开关

② 监视器功能。分组离合器监视器（图3-8）：分组离合器杆在"连接"位置上时，指示灯亮。

插秧离合器监视器（图3-8）：插秧离合器杆在"插秧"位置上时，指示灯亮。

秧苗减少监视器（图3-9）：秧苗箱里的秧苗少至一定量时，指示灯亮。

电瓶充电监视器（图3-9）：电瓶电压变低时，指示灯亮，提示尽快充电。

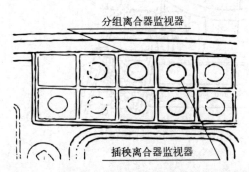

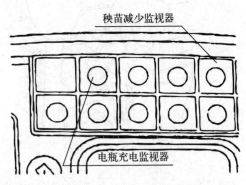

图3-8　分组离合器监视器与插秧离合器监视器　　图3-9　秧苗减少充电器与电瓶充电监视器

中心杆（图3-10）：中心杆是驾驶员直线行驶标识杆，中心杆顶端有指示灯。

划线监视器（图3-11）：指示灯亮，划线监视器进入工作状态。

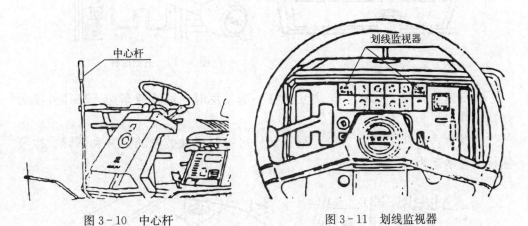

图3-10　中心杆　　　　　　　　　　　　图3-11　划线监视器

③ 各操作装置功能。

变速杆（图3-12）：拉起杆时，发动机转速增加；推下杆时，转速下降。

油门踏板（图3-13）：踩踏板时，发动机转速增加。

风门（图3-14）：在发动机冷的情况下，可拉起风门手柄，启动发动机。启动后，应推回风门。

主变速杆（图3-15）：可改变车速，前进时分3挡（1挡、2挡为插秧，3挡为行驶）。

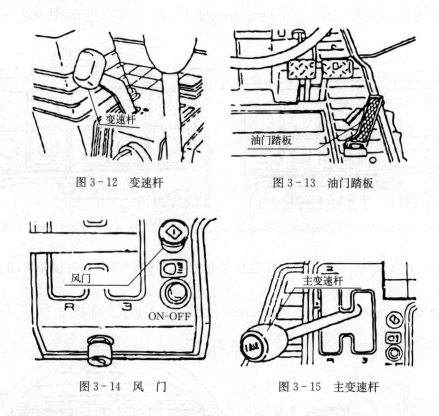

图 3-12　变速杆　　　　　图 3-13　油门踏板

图 3-14　风　门　　　　　图 3-15　主变速杆

副变速杆（图 3-16）：与主变速杆一起使用时，可改变车速。杆往外推为增速，往里拉为减速。

插秧离合器杆（图 3-17）：利用此杆可控制插秧装置的上升和下降，以及插秧装置的动力传输。

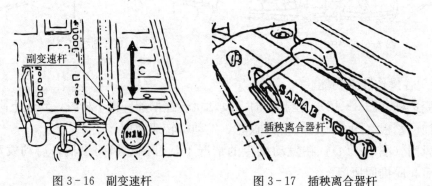

图 3-16　副变速杆　　　　　图 3-17　插秧离合器杆

方向盘角度调节杆（图 3-18）：该杆为方向盘锁定装置。打开时，方向盘位置可以调节，调节完后再用调节杆锁定。

株距变换杆（图3-19）：可上下调节，改变插秧时的株距。

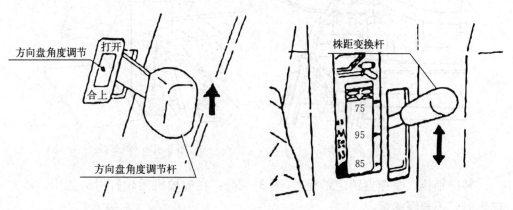

图3-18　方向盘角度调节杆　　　　图3-19　株距变换杆

株距副变速插孔（图3-20）：选择最合适株距的备用插孔。

离合器踏板（主离合器踏板）（图3-21）：用来连接或切断主离合器。踏下时，主离合器切断；再踩一下，主离合器就会重新连上。

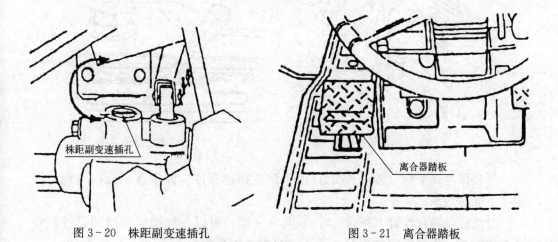

图3-20　株距副变速插孔　　　　　图3-21　离合器踏板

刹车踏板（图3-22）：踩左侧的踏板时，与左侧的后轮连接；踩右侧的踏板时，与右侧的后轮连接。转弯时，踩转弯一侧的踏板。不在田间时，特别是行驶时，连接好左右刹车。

刹车杆（图3-23）：刹车杆可让插秧机停车。

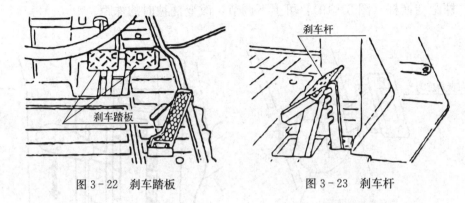

图 3-22　刹车踏板　　　　　　　　图 3-23　刹车杆

　　转向踏板（差速器锁定踏板）（图 3-24）：在插秧机后轮打滑时使用，转方向盘时，不要踩踏板。

　　液压感应器调节杆（图 3-25）：根据地块的软硬程度，改变液压传感器的灵敏度。此杆在"固定"位置上时，插秧装置不会下降。

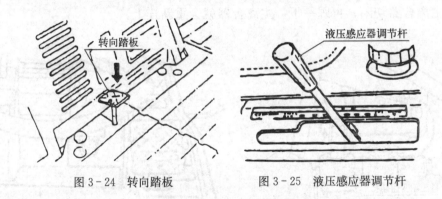

图 3-24　转向踏板　　　　　　图 3-25　液压感应器调节杆

　　插秧深度调节杆（图 3-26）：用于调节插秧深度。固定在上面时为浅，固定在下面时为深。

　　分组插秧离合器杆（图 3-27）：共有三组，可以分别操纵每组两行插秧臂的工作与否。根据田间的情况，用于调整插秧的行数。

　　纵向取苗量调节杆（图 3-28）：可用于调节纵向取苗量，移到右侧时取苗量最小。

　　横向输送量调节杆（图 3-29）：可用于调节横向输送量，在苗箱移动至两端时调节。

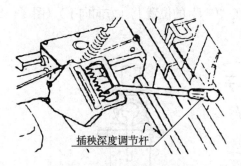

插秧深度调节杆

图3-26 插秧深度调节杆

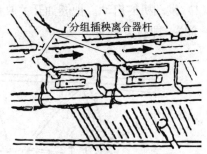

分组插秧离合器杆

图3-27 分组插秧离合器杆

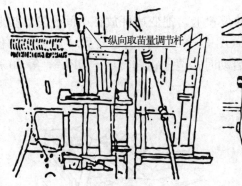

纵向取苗量调节杆

图3-28 纵向取苗量调节杆

横向输送量调节杆

图3-29 横向输送量调节杆

压苗解除杆（图3-30）：需要起出秧苗时，请把杆放在"撤消"位置上。

秧苗挡环（图3-31）：用于边行不需插秧时，推下挡环把该行秧苗挡住，使栽植臂抓不到秧，而停止插秧。停止两行插秧臂时用分组插秧离合器。

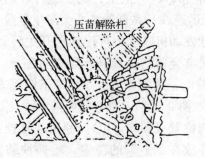

压苗解除杆

图3-30 压苗解除杆

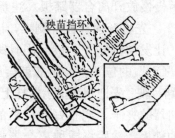

秧苗挡环

图3-31 秧苗挡环

2. 操作技术

（1）发动机的启动。把燃油开关放在"ON"的位置上（方向向下）（图3-32和图3-33），即打开燃油开关。

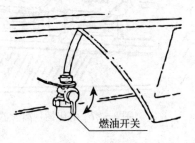

图3-32　燃油开关　　　　图3-33　燃油开关放大图

再把插秧离合器杆放在"固定"的位置上，把变速杆放在中间位置，拉起风门手柄。踩离合器踏板，断开离合器（图3-34）。将钥匙转到"点火"的位置上（图3-35）。（注意如10秒内无法启动时，请把钥匙转回"OFF"，等30秒钟后再启动）发动机启动后，将风门推入。

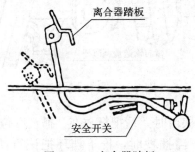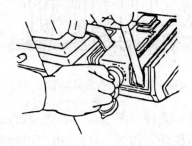

图3-34　离合器踏板　　　　图3-35　点　火

①开车。先踩住离合器踏板（图3-36），再把主、副变速杆放在合适的位置上，最后慢慢放开离合器踏板。注意迅速放开离合器踏板会发生危险。

②停车。先将变速杆往外侧推，让发动机减速，再把钥匙开关转到"OFF"的位置上，让发动机停止，最后同时踩离合器踏板和刹车踏板（图3-37）。因钥匙放在"ON"的位置上，电瓶就会放电，故请养成停车后拿下钥匙的习惯。

③道路行驶。先把划线指示器挂上（图3-38），拉上侧面指示器（图3-39）。卸下前导向器的夹子，调整好导向器的位置（图3-40）。利用连接挂钩，扣好左右刹车的踏板。然后将插秧离合器杆放在"上"的位置，将插秧装置完全提起。之后将液压感应器调节杆放在插秧装置下降固定的位置上（图3-41）。最

后把主变速杆放在"PTO"位置上，插秧离合器杆放在"连接"的位置上以后，秧箱移到机器的中央，将插秧离合器杆放在"断"的位置上。

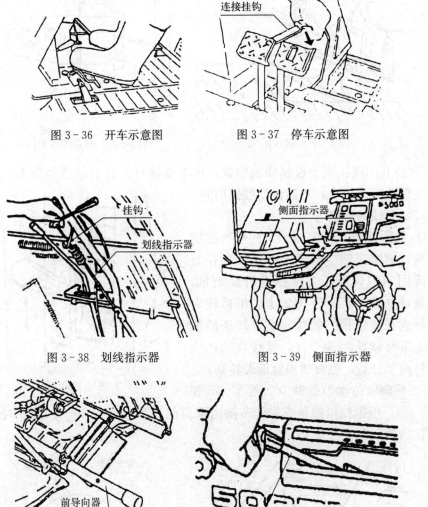

图 3-36　开车示意图　　　　　　图 3-37　停车示意图

图 3-38　划线指示器　　　　　　图 3-39　侧面指示器

图 3-40　调整导向器　　　　　　图 3-41 液压感应器调节杆

按实际情况选择主、副变速杆。

④ 驶入田间。完全提起插秧装置，将主变速杆放在"1"的位置上，将副变速杆调节在低速的位置上，然后慢慢驶入田间。

注意：务必使用跳板；连接左右刹车的踏板；进入田间时，不要在辅助秧板和秧苗箱里装秧苗或货物；进入田间时，插秧机应与田头垂直（图3-42和图3-43）。

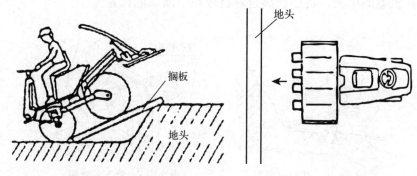

图3-42　驶入田间 　　　　　　　　图3-43　垂直驶入田间

⑤ 离开田间。完全提起插秧装置。将主变速杆放在后退的挡位上，副变速杆放在低速的挡位上，然后慢慢驶出田间。

（2）插秧的方法。

① 株距调节（图3-44）。完全提起插秧装置，把液压感应器调节杆放在插秧装置下降固定的位置上。低速运行发动机，主变速杆放在"PTO"位置上。把插秧离合器杆放在"连接"的位置上，转动插秧臂。上下移动株距调节杆，寻找合适的位置。杆调节好后，检查插秧臂能否转动。

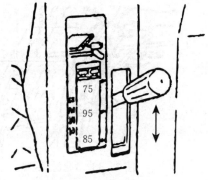

图3-44　株距调节方法

② 横向取苗次数的调节（图3-45和图3-46）。根据秧苗的种类来调节横向取苗的次数，见表3-2。出厂时，插秧机的横向取苗次数设在24次。

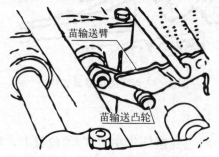

图3-45　横向取苗次数调整时，苗输送凸轮的位置

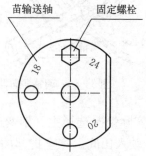

图3-46　横向取苗次数调节方法剖面图

表3-2 不同大小苗的横向取苗次数

秧苗的种类	横向取苗次数（次）
小苗	24
中苗	20
中苗/大苗	18

完全提起插秧装置，把液压感应器调节杆放在插秧装置下降固定的位置上。低速运行发动机，将主变速杆放在"PTO"的位置上。把插秧离合器杆放在"连接"的位置上，移动秧苗箱至左右任何一端处，苗输送凸轮和苗输送臂接触之前，踩离合器踏板。停下发动机，将主变速杆放在"空挡"的位置上。松开横向取苗调节杆的固定螺栓，将杆转送到合适的位置上。将固定螺栓拧紧。

③ 插秧深度的调节（图3-47）。可利用插秧深度调节杆来选择插秧的深度（共9挡）图中①为最深，⑨为最浅，⑦～⑨一般不使用，因太浅时秧苗可能会倒伏或漂秧（图3-48）。一般插秧深度以0.5～1厘米为好。

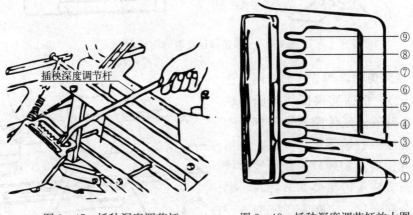

图3-47 插秧深度调节杆　　　图3-48 插秧深度调节杆放大图

④ 纵向取苗量的调节（图3-49）。通过左右调节取苗量调节杆的方式来选择纵向取苗量。往左调取苗量多，往右调取苗量少，调节杆放在标准位置时，取苗厚度11毫米（图3-50）。

⑤ 秧苗输送皮带纵向送秧量的调节。纵向取秧量应与皮带纵向送秧量相协调，在苗输送调节杆上有3个销孔，插入不同的销孔位置与纵向取苗量的不同区段相适应（图3-51），销孔①与①、销孔②与②、销孔③与③相适应，（新机型有纵向送秧与取秧量相对应的联动装置，不需再行调节）。

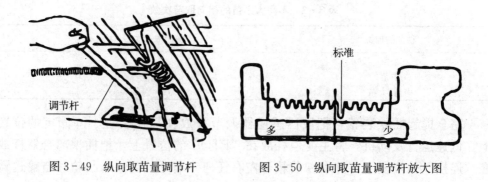

图 3-49 纵向取苗量调节杆   图 3-50 纵向取苗量调节杆放大图

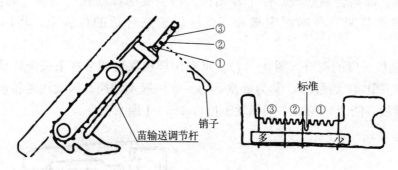

图 3-51 秧苗输送皮带的调节方法

⑥ 液压传感器调节杆的使用方法
（图 3-52）。根据插秧田块土面的软
硬程度，调节液压传感器调节杆，改
变液压传感器的敏感度，可放在软与
硬的不同位置上实现软地或硬地插秧
作业。调节液压传感器调节杆时，插
秧深度会有变化，应在液压传感器调
节杆变动后，再确认一下插秧深度，
如插秧深度达不到要求时，再拨动插
秧调节杆，达到浅插的要求。

图 3-52 液压传感器调节方法

⑦ 插秧操作。进入稻田后，把主
变速杆放在"空挡"的位置上，把左右刹车踏板的挂钩打开。将划线指示器设在
"工作"的位置上。将侧面指示器和前板导向器也设在"工作"的位置上。将主
变连杆放在"PTO"位置上，插秧离合器杆放到"连接"的位置上。然后，将秧
苗箱放在机械的左右两端，并把插秧离合器杆放在"断"的位置上。将取苗板上

卸下的秧苗放在秧苗箱上（注意：秧苗箱放在左右两端后，方可放置秧苗）。把预备秧苗箱放在辅助秧架上。注意，在辅助秧架上放一块取苗板。将主变速杆放在"1"的位置上，副变速杆放在"低速"的位置上。将插秧离合器放在"连接"的位置上。发动机设为"中速"后，慢慢放开离合器踏板，开始插秧。开始插秧之前，检查各装置是否均已调节好。高地头处，将前板保护杆放在"工作"的位置上，低地头处，放在"低地头"的位置上。

⑧ 转弯。离地头较近时，副变速杆应放在"低速"的位置上，插秧离合器杆则放在"上"的位置上。踏下转弯方向的刹车踏板。利用中心杆与侧面指示器调节行距。机械行驶的方向应与操作方向一致（图 3-53）。插秧离合器杆放在"下"的位置上，卸下插秧装置后进行划线。返回时，使用另一侧划线指示器。

⑨ 划线指示器的使用方法（图 3-54）。

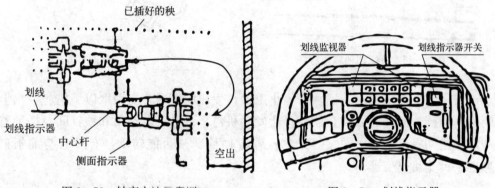

图 3-53 转弯方法示意图　　　　图 3-54 划线指示器

划线指示器的使用需要划线监视器的辅助，划线监视器会随着插秧装置的上升和下降而左右更换。打开划线指示器开关后，开关灯和侧面指示器灯会亮起，注意将插秧离合器杆放在"上"的位置上。完全提起插秧装置后，确认划线监视器的灯变换后，再将插秧装置放下。插秧装置完全提起后，如把划线指示器开关打到"OFF"，侧面划线指示器将不工作（图 3-55）。

图 3-55 划线指示器开关操作方法

⑩ 结束插秧。插秧快要结束时，按最后所留与田埂的距离调整所插行数时，

请使用分组插秧离合器杆和秧苗挡环。按要求，分别把分组插秧离合器杆放在"断"的位置上（图 3-56）。分组插秧离合器杆使用之后，插最后一行时，必须放回到"连接"位置上。单行停插时，秧苗应往上拉，用挡环固定住（图 3-57）。使用秧苗挡环后，请务必将其塞回原处。

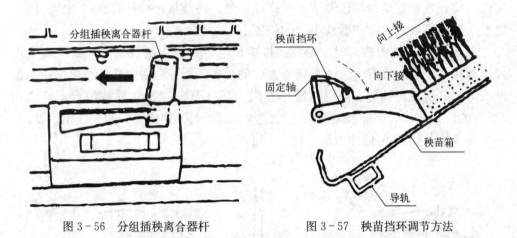

图 3-56　分组插秧离合器杆　　　　图 3-57　秧苗挡环调节方法

安全离合器工作时，插秧臂停止工作，发出响声时，应采取以下措施：马上断开离合器；断开插秧离合器杆，让发动机停下；查看取苗口和秧针间及插秧臂和浮板之间有无石头、树枝等杂物；看看插秧臂是否能转动，有没有与前板碰擦，秧针是否已变形。

（三）钵苗插秧机

1. **型号与特点**　目前，江苏省内使用的钵苗插秧机主要是常州亚美柯机械设备有限公司生产的 2ZB-6（RX-60AM）型和 2ZB-6A（RXA-60T）型钵苗乘坐式高速插秧机。

水稻钵苗乘坐式高速插秧机，是一种不伤苗的独创旋转滑道式稀植栽培机械，它使秧苗栽植过程的"顶、接、落、送、栽"五个关键工作步骤，实现各传动机构之间时间间隔的精确配合，即载苗台上放入育秧盘，纵向传送爪拉入，再从育秧盘中将秧苗顶出—接苗器准确接苗—将秧苗放在输送带上—输送带将秧苗送至田间—旋转滑道机构完成钵苗栽植，突破了常规插秧机的产品结构原理。特别是从动力输出至纵向传送爪部件、秧苗顶出部件、接苗器部件、秧苗输送部件、栽植部件等各运动部件之间高度精确协调一致的技术特点，保证了产品技术的先进性。

2ZB-6（RX-60AM）型水稻钵苗乘坐式 6 行插秧机可适应小田块作业，2ZB-6A（RXA-60T）型水稻钵苗乘坐式 6 行插秧机可适应大田块作业。2ZB-6（RX-60AM）型水稻钵苗乘坐式 6 行插秧机主要性能参数见表 3-3，外观见图 3-58。钵苗插秧技术采用浅耕平整的方式即可进行插秧。水稻钵苗乘坐式高速插秧机行距为 33 厘米，株距为 12.4～28.2 厘米，可以自由调节，实现插秧时疏密的自由调节。栽植深度可通过改变栽植深度调节杆的位置来调节，可以选择 10～40 毫米四种不同栽植深度，且该机器装有秧苗报警装置，用于防止漏栽。水稻钵苗插秧机插秧技术适合叶龄 4.5～5.5 叶，苗高 12～30 厘米（育苗天数寒冷地带 35～40 天，暖地早期 35～40 天，西南暖地 25～

表 3-3　水稻钵苗乘坐式高速插秧机主要性能参数表

	型　号	2ZB-6（RX-60AM）								
外形尺寸	全长（毫米）	3 140								
	全宽（毫米）	18 901（作业时 29 601）								
	全高（毫米）	1 420（作业时 2 010）								
结构质量（千克）		537								
发动机	型号	GH340								
	类型	立式风冷 4 冲程汽油机								
	总排量（升）	0.34								
	功率/转速［马力/（转/分）］	5.9/3 600								
	燃料箱（升）	9								
	启动方式	电启动								
行走轮	转向方式	Ackerman system（液压转向）								
	结构形式	轮毂橡胶								
	直径（毫米）	670								
	结构形式	轮毂橡胶								
	直径（毫米）	900（辅助轮 700）								
	变速挡数（挡）	（插秧 1）后退 1								
插秧部	工作行数（条）	6								
	行距（毫米）	330								
	穴距（毫米）	120、130、140、150、160、170、180、200、220、240								
其他	插秧深度（毫米）	10～40								
	作业速度（米/秒）	0～1.2								
	作业小时生产率（公顷/时）	0.26～0.37								

图 3-58 2ZB-6（RX-60AM）型水稻钵苗乘坐式 6 行插秧机

30 天）的钵体成苗；常规毯状育秧叶龄只有 3～3.5 叶，育苗天数一般为 15～20 天，因而秧龄弹性小、苗弱，而钵苗插秧技术具有受秧龄限制小、弹性大、栽植时间跨度大等特点，弥补了毯状苗插秧机受叶龄、苗高和栽插时间限制，虽无法满足双季稻、多季稻机插的不足，但能保证其高产。两者比较，钵苗成套机械设备具有其自身的核心优势，在我国北方水稻种植地区、长江中下游稻麦两熟制地区和南方杂交稻应用地区，具有广泛的推广和应用价值，可促进粮食增产，保障粮食安全。

2. **操作技术** 操作技术和毯苗插秧机基本相同，此书不作详细介绍。

二、大田耕作准备

水稻大田移栽前耕整，是水稻高产栽培技术中的一项重要内容，一般包括耕翻、灭茬、晒垡、施肥、碎土、耙地、平整等作业环节。机插秧采用中、小苗移栽，对大田耕整质量和基肥施用等要求相对较高。耕整质量不仅直接关系到插秧机的作业质量，而且关系到机插秧苗能否早生快发。因此，机插秧大田精细耕整十分重要。

（一）整地

1. **机插大田耕整质量要求** 机械插秧对大田的总体要求是：旋耕深度 10～15 厘米，犁耕深度 12～15 厘米，不重不漏；田块平整无残茬，高低差不超过 3 厘米；表土硬软适中，泥脚深度小于 30 厘米；泥浆沉实，达到泥水分清，泥浆深度 5～8 厘米，水深 1～3 厘米。

田面平整，在 3 厘米的水层条件下，高不露墩，低不淹苗，以利于秧苗返青活棵，生长整齐。否则，高处缺水使幼苗干枯，低洼处水深使幼苗受淹。一般要求耕整后大田表层稍有泥浆，下部土块细碎，表土软硬适中（锥度计测定，锥顶穿透土层深度 8～10 厘米）。高性能插秧机虽有多轮驱动、水田通过性能好的优点，但耕作层过深，会导致插秧机负荷加大，行走困难，甚至打滑，不能保证正常的栽插密度。此外高性能插秧机虽有液压仿形装置，保证机器有较低的接触压力，但整地次数过多，土层过于黏糊，不利于沉实，机器前进过程中仍然有壅泥情况等出现，以致影响栽插质量。

田间无杂草、稻茬、杂物，否则机器在前进过程中，残茬杂物会将已插秧苗刮倒。

2. 耕整工艺

（1）茬口地耕整。

① 前茬秸秆粉碎。前茬作物收获时必须进行秸秆粉碎，并均匀抛撒。如果前茬为麦子，则机收时应进行秸秆粉碎，留茬高度应小于 15 厘米；若机收时未进行秸秆粉碎，则应增加一次秸秆粉碎作业或将秸秆移出大田。

② 旱整。在适宜的土壤湿度和含水量情况下，可采用正（反）旋、浅耕、耙茬三种方法灭茬，其中反旋灭茬方法较好。尽量避免深度耕翻。作业时要控制深度在 15 厘米以内，耕深稳定，残茬覆盖率高，无漏耕等现象。地块不平的要增加一次交叉旱平作业，做到田内无暗沟、坑洼，大田高低差和平整度达标。对大面积田块平整，可考虑采用激光平地技术进行旱整。如对暂时没有条件使用激光整地技术，以及高低落差大的田块，要划格作业，大田隔小，相对范围内，以使旱整地质量达标。

③ 水整。浅水灌入，浸泡 24 小时后进行水整拉平。条件适宜时，可在旱整后晾土至适度，再上水浸泡，这样不易形成僵土。水整可采用水田埋茬起浆机、水田驱动耙等设备。在水整中应注意控制好适宜的灌水量，既要防止带烂作业，又要防止缺水僵板作业。

由于水整前旋耕灭茬等作业的深度浅于原耕作层，加之起浆平地，作业条件复杂，要防止泥脚深度不一和埋茬再被带出地表。

水整后大田地表应平整，无残茬、秸秆和杂草等，埋茬深度应在 4 厘米以上，泥浆深度达到 5～8 厘米，田块高低差不超过 3 厘米。

④ 沉实。水整后的机插大田必须适度沉实，沙质土沉实 1 天，壤土沉实 2～3天，黏质土沉实 4 天后机插，田表水层以呈现所谓"花花水"为宜。要严防

深水烂泥，造成机插时壅水壅泥等现象。对杂草发生密度较高的田块，可结合泥浆沉淀，在耙地后选用适宜除草剂拌湿润细土均匀撒施，并保持6～10厘米水层3～4天进行封杀灭草。

（2）冬耕或冬间板茬地耕整。经过冬耕轮作的田地，可采取交切耙旱整、刮平后，进入水整。对地表残茬较少的未耕冬闲田，可以采取浅耕或旋耕旱整后，进入水整。对地表无残茬、冬耕整质量较好、地面平整的田地，也可直接进入水整。

（3）冬水田耕整。一些地区由于农民惜水，前茬晚稻收割后田间一直保水至早稻栽插。此类冬水田经过长时间冷水浸泡，土壤透气性差，泥脚深，还原性差，土壤温度较低。对于这类田块要利用晴天提前在田间开沟抬田，上肥后浅旋耕，抢晴好天气日晒增温，并于栽前3天左右漫平沉实。

（二）基肥运作

移栽前5～10天，每亩施粪肥1 000～1 500千克或25％复合肥50～80千克用以培肥地力；中等肥力大田，每亩施35％水稻专用肥30千克或25％复合肥40千克或掺混肥（Bulk blending fertilizer，简称BB肥）20千克作底肥；先施肥再耕翻，以达到全层施肥，土肥交融。

三、移栽

（一）秧龄与规格

1. **毯苗** 毯苗机插秧采用中、小苗带土移栽，单季稻及中稻一般秧龄为15～20天，早稻育秧由于积温偏低，秧龄适当延长。但无论秧龄如何变化，一般都在3.5～4.0叶龄，苗高12～17厘米时移栽。秧苗素质的好坏可以秧苗的形态指标和生理指标两方面来衡量，在实际生产中，可通过观察秧苗的形态特征来判断。壮秧的主要形态特征是茎基粗扁、叶挺色绿、根多色白、植株矮壮、无病虫害。其中茎基粗扁是评价壮秧的重要指标，俗称"扁蒲秧"。适合机械化插秧的秧苗，除了个体健壮外，还有一个重要的整体指标，即要求秧苗群体质量均衡，常规粳稻育秧要求每平方厘米成苗1.5～3株，杂交稻成苗1～1.5株。秧苗根系发达，单株白根量多，单株秧苗白根数超过10条为宜；根系盘结牢固，盘根带土厚度2.0～2.5厘米，厚薄一致，提起不散，形如毯状，亦称毯苗。

2. **钵苗** 钵苗要求杂交稻每穴成苗1.7～3.0株，粳稻每穴成苗3～5株。秧龄30天左右，叶龄4.5～5.5叶，苗高15～20厘米，单株茎基宽0.3～0.4厘米，平均单株带蘖 0.3～0.5 个，白根数 13～16 条，发根力 5～10 条，百株干重 8.0 克以上。秧苗均匀整齐，茎部粗壮，清秀无病，无黑根枯叶。碳、氮养分适当，叶挺而有弹性，根原基数较多，移栽后发根力、抗逆性强，能够早扎根、早活棵、早发苗。

（二）移栽技术标准

1. 起运移栽　机插育秧起运移栽应根据不同的育秧方法采取相应措施，减少秧块搬动次数，保证秧块尺寸，防止枯萎，做到随起、随运、随栽。遇烈日高温，运放过程中要有遮阳设施。具体要求是：对于软（硬）盘秧，有条件的地方可随盘平放运往田头，亦可起盘后小心卷起盘内秧块，叠放于运秧车，堆放层数一般 2～3 层为宜，切勿过多而加大底层压力，避免秧块变形和折断秧苗，运至田头应随即卸下平放，让秧苗自然舒展，以利于机插。

2. 株距、行距

（1）毯苗。每亩大田的基本苗由秧苗的行距、株距和每穴株数决定。插秧机的行距为 30 厘米固定不变，株距有多挡或无极调整，对应的每亩栽插密度为 1 万～2 万穴。正确计算并调节每亩栽插穴数和每穴株数，就可以保证大田适宜的基本苗数。在实际生产作业中，一般是事先确定株行距，再通过调节秧爪的取秧量即每穴的株数，即可满足农艺对基本苗的要求。

插秧机是通过调节纵向取秧量及横向送秧量来调节秧爪取秧面积，从而改变每穴株数。如东洋 PF455S 插秧机的纵向取秧量的调节范围为 8～17 毫米，共有 10 个挡位，每调一格改变 1 毫米，手柄向左调，取秧量增多，手柄向右调，取秧量减少。调整标准取秧厚度（11 毫米）时需要用取苗卡规校正。横向移动调节装置设在插植部支架上的圆盘上，上面标有"26""24""20"三个位置，分别表示秧箱移动 10.8 毫米、11.7 毫米、14 毫米。横向与纵向的匹配调整可形成 30 种不同的小秧块面积，最小取秧面积为 0.86 厘米^2，最大为 2.38 厘米^2。一般情况下先固定横向取秧的挡位后，用手柄改变纵向取秧量。根据这一原理，就可以针对秧苗密度调整取秧量，以保证每穴合理的苗数。

在实际作业中，首先要按照农艺要求，以每亩基本苗数和株距来推算每穴株数。例如，某水稻品种基本苗要求 6 万～8 万株，如果株距 12 厘米，就可推算出每亩大约 1.8 万穴，每穴 3.5～4.5 株。同时注意提高栽插的均匀度。均匀度即实际栽插穴苗数，因为分蘖与成穗具有一定的自动调节能力，所以在计划平均穴苗数在设定苗数±1 的范围内，如计划平均穴苗数为 3 株，实际栽插穴苗数 2～4 株可视为均匀。一般要求均匀度 90% 以上。

（2）钵苗。钵苗移栽机行距为 33 厘米，株距为 12.4～28.2 厘米，可以自由调节，实现移栽时疏密的自由调节。

3. 移栽深度　在每次作业开始时要试插一段距离，并检查每穴苗数和栽插深度。这样既可以根据秧苗密度及时调整取秧量，保证每穴 3～5 株苗，又可以根据大田具体作业条件，及时调节栽插深度，达到"不漂不倒，越浅越好"的要求，待作业状态符合要求并稳定后再开始连续作业。

第四讲 机插水稻大田水肥管理

机插水稻大田水肥管理措施和手插秧大体一致，但也有自身的特点。机插秧采用中小苗移栽，其秧龄短，抗逆性较差，缓苗期长，但机插水稻的宽行浅栽，为低节位分蘖的发生创造了条件。但其分蘖具有暴发性，分蘖期也较长，够苗期提前，高峰苗容易偏多，使成穗率下降，穗形偏小。针对机插水稻的这种生长特点，生产管理上可采用前稳、中控、后促的水肥管理措施，保证早返青、早分蘖、早搁田，中后期严格水浆管理，促进大穗形成，实现机插水稻的高产、稳产和优质。

一、返青分蘖期

（一）返青分蘖期生长特点

返青分蘖期是指移栽到幼穗分化以前的时期。此期以营养器官生长为中心，是决定穗数的关键时期，也是为大穗、多穗和最后丰产奠定基础的时期。生产上应运用合理的栽培措施缩短返青期，促进分蘖早发、发足，争多穗，控制无效分蘖，培育壮蘖、大穗，积累足够数量的干物质。

机插秧与人工插秧和抛秧相比，在此期有其特有的生长特点，概括如下：

1. **抗逆性差**　机插秧适宜移栽的秧龄为 15～20 天。此时，叶龄基本处于 3～4 叶期，秧苗高 13～18 厘米，秧苗基本处于或刚刚结束离乳期进入自养阶段，根源基发育数目相对较少，加上播种密度高，根系盘结紧，机插时根系被切断拉伤，受伤的根系要几天时间恢复生长，机插后秧苗抗逆性比常规人工插秧弱。因此与常规人工插秧和抛秧相比，机插秧的返青期相对长，一般长 3～5 天，有的甚至达 6～7 天，在机插后 5 天内基本上无生长量，一般经历 14 天左右才开始分蘖。

2. **伤秧严重**　水稻秧苗在运送过程中，伤秧现象很普遍，且伤秧严重，但经常被农民忽视。因为秧苗从秧田苗床铺放到插秧机秧箱上的运送过程中，秧块被卷成筒，多层叠压在一起，肩挑或用板车等运送到大田间，再打开秧筒，一块一块地摆到插秧机秧箱上。由于嫩绿的秧苗脆弱，容易折伤或折断，运送距离越长，叠压时间越久，秧苗伤害越严重。机插后秧苗要经过几天时间才能愈合生长，导致秧苗返青期长，严重的会造成死苗。有些人没有理解这一现象的本质，以为是插秧机的原因。

3. **分蘖节位多，分蘖期长**　机插秧比人工插秧移栽叶龄小 1.5～2 个叶位，机插水稻的大田有效分蘖期就延长了 2 个叶位，为 7～10 天，因而分蘖节位增多，再加上实行宽行浅栽，植株温光条件优越，发根能力强、节位低等有利环境，造就了机插秧分蘖具有爆发性、数量猛增等生长特点。因此，高峰苗容易偏多，使成穗率下降，穗型偏小，这在栽培管理中要加以重视。

（二）返青分蘖期需水、需肥特性

1. **需水特性**　灌排水的目的在于调节稻田水分状况，以充分满足水稻生理和生态需水的要求。生产实践中水浆管理应从全田整体出发，根据天气、秧苗情况灵活采取水分管理措施，促进秧苗尽早活棵、分蘖。

水稻返青期间稻田需要保持一定水层，给秧苗创造一个温、湿度较为稳定的环境，促进早发新根，加速返青。但水层不能超过最上面全出叶的叶耳，否则影响生长的恢复。早栽的秧苗，因气温较低，白天灌浅水，夜间灌深水，寒潮来时适当深灌防寒护苗。返青期遇阴雨应浅水或湿润灌溉。而适宜水稻分蘖的田间水分状况是土壤含水高度饱和到有浅水之间，以促进分蘖早生快发。水层过深分蘖会受到抑制。生产上多采用排水晒田的方法来抑制无效分蘖。

针对机插水稻秧龄短、个体小、生长柔弱的特点，要坚持薄水灌溉，浅水活苗的原则。干生根，湿长苗，只要秧苗根系发育生长良好，那么秧苗返青的时间可以缩短。在灌溉时，要防止长时间深水而造成秧苗根系和秧心缺氧，返青期长。在生产中，由于机插水稻移栽时秧苗小、根系少，稻农往往在栽后重于护苗，疏于促根，大都采取水层护苗的方法，而导致根系生长差，分蘖发生迟，这点需要特别指出并避免。

2. **需肥特性**　机插水稻采用"小群体、壮个体、高积累"的高产栽培方法。由于采用中小苗移栽，插后初期吸肥能力不如人工插秧，为此，施用分蘖肥应采取"少吃多餐"的原则进行。机插小苗前期根量小，吸收能力弱，同时大田分蘖起步慢而分蘖期又较长，因而机插稻基肥应适当减少，分蘖肥用量应适当增加。从近几年试验结果来看，基肥中基蘖肥比例以 30%～40% 为宜，分蘖肥比例以 60%～70% 为宜。同时分蘖肥的施用，要等到秧苗生出较多根系时效果才更好。即于栽后长第二心叶时，开始施用分蘖肥，并分次施用，可以使肥效与最适分蘖发生期同步，促进有效分蘖，可确保形成适宜穗数，同时又控制无效分蘖，有利于形成大穗，还能提高肥料利用效率。

　　施肥过早，即栽后就施分蘖肥，此时处于栽后分蘖停滞期，根系弱，不能发挥肥效，栽后即施肥反而抑制根系的发育，使分蘖发生期推迟，引起穗数不足；相反，若分蘖肥施用过迟，正值高位分蘖盛发，易导致群体大，成穗率低，尽管穗数较多，但每穗粒数少，也不易高产。因此中期要掌握苗情，适时排水晒田和控制肥料，抑制无效分蘖，避免因肥料施用过多而导致高苗数、低成穗。

（三）返青至分蘖期水肥管理

1. 水浆管理

　　（1）移栽至返青期。总的来讲，坚持薄水移栽，栽后注意适当间歇脱水促根，完全活棵立苗后，采取浅水勤灌促分蘖（图4-1）。具体操作：机插结束后及时灌水护苗，水层深度也应根据栽插秧龄长短有所不同，秧龄短宜浅；秧龄长宜据苗体高度适当加深，水层保持在苗高的1/2左右。若遇晴好天气应灌深水护苗，水层保持在苗高的2/3左

图4-1 薄水活苗（返青期）

右；阴雨天只要有薄水层。移栽后3～4天进入薄水层管理，切忌长时间深水，以防造成根系、秧心缺氧发黑，生长缓慢，叶色发黄，形成水僵苗，甚至烂苗。3～4天后应及时脱水露田2天左右，使土壤透气增温，促进新根下扎和秧苗活棵。如整地质量不好，易出现全田高低落差大，低处深水难扎根，高处受旱死苗加重。

　　（2）有效分蘖期。机插秧苗体小，活棵时间相对较长，活棵后一旦进入分蘖期后，水浆管理就要实行浅水勤灌，保持田内水层清新，有利于分蘖节处于较适宜的土壤表层，待自然落干后再上水，达到以水调肥，以气促根，水气协调的目的，以利于促进低位分蘖的发生，达到清新活水促蘖早发的效果（图4-2）。整个有效分蘖期间宜保持浅水层或采取湿

图4-2 浅水勤灌（分蘖期）

润灌溉的方法。具体浅水勤灌方法是中低肥力稻田采用田间灌 1 次 1～3 厘米的浅薄水，保持 3～5 天，以后让其自然落干，待田中无明水、土壤湿润后再灌 1 次浅水，如此周而复始，形成地上部与地下部协调、根系与叶蘖生长协调、群体与个体协调。黏土地、肥力水平高或施肥量大的田块采用晴天白天上水、夜间露田的湿润灌溉水浆管理方法，可有效促进分蘖的早生快发，有利于促进足穗和大穗的形成。

（3）无效分蘖期。机插水稻单位面积内所插基本苗数比常规栽培苗穴数略多，从群体发展看，活棵分蘖时间略长，一旦始蘖后发苗势强，群体茎蘖增加迅速，高峰苗来势猛，群体高峰苗数控制不当易发过头，因而应该适时早搁田，以控制无效分蘖，提高群体质量（图 4-3 和图 4-4）。适宜的搁田时期主要根据田间茎蘖数来确定，即够苗搁田。够苗搁田指田间总茎蘖数达到预期穗数（俗称够苗）时，即开始脱水搁田，或根据"时到不等苗"的原则，指无论田间总茎蘖数多少，到了有效分蘖临界叶龄期，即应开始搁田。与常规栽培相比，够苗期、高峰苗期可提前 1 个叶龄期左右。一般群体茎蘖数达到预计穗数 80% 左右（70%～90%）时开始自然断水落干搁田，并遵循"早搁、轻搁、多次搁"的原则。搁田不宜过重，应采取分次轻搁的方法，经 3～4 次反复后，搁田搁至田边开细缝、田中泥不陷脚、土不发白、叶片挺举、叶色褪淡落黄为止。为抑制无效分蘖发生，控制基部节间伸长，把高峰苗控制在有效穗数的 1.3～1.4 倍，从而达到提高根系活力、增强茎秆弹性、提高抗倒抗病能力的目的。

图 4-3　搁田前（有效叶龄期前一个叶龄）　　　图 4-4　搁田后（拔节前）

2. 科学施肥　一般在栽后 5～7 天内给小苗施一次返青分蘖肥，施用尿素 5～7 千克/亩，在下午 3 时后施用，田间要有水层，以免氨气烧苗。施肥后，保水 5～7 天，同时，做好平水缺，以防雨水淹没秧心。栽后 10～12 天亩用尿素 7～9 千克再施一次肥，以满足机插稻分足蘖的需要；栽后 18 天左右视苗情施 1 次平衡肥，一般每亩施尿素 3～4 千克或 45% 氮、磷、钾复合肥 9～12 千克。肥料量要确保在有效分蘖叶龄期前一叶龄后能及时褪尽，叶色正常褪淡。对肥足、发苗早又快的田块，施肥时间应推迟一些，以复合肥为主；对田脚差、发苗缓慢的应早施、重施，促进分蘖早出、快发。

3. **防僵苗** 僵苗是机插水稻分蘖期出现的一种不正常的生长状态，主要表现为分蘖生长缓慢、稻丛族立、叶片僵缩、生长停滞、根系生长受阻等。导致僵苗的原因比较复杂，类型繁多，主要有肥僵、水僵和药僵三种类型。造成肥僵型、水僵的主要原因是重复追肥和氨气烧苗或长期处于淹水状态；药僵型是除草过程中，除草剂品种和用量不当及药后水淹心叶造成的，要针对不同成因，有效防治。

二、拔节长穗期

（一）拔节长穗期生长特点

此期一方面以茎秆为中心，完成最后几片叶和根系等营养器官的生长，另一方面进行以幼穗分化为中心的生殖生长。此时既是保蘖、增穗的重要时期，又是增花增粒、保花增粒的关键时期，也是为灌浆结实奠定基础的时期。由于各器官生长加快，在短短 30 天内，植株干物质的积累占一生干物质积累的 50% 左右。这段时期是水稻需水、需肥较多的时期，也是对外界环境条件最敏感的时期之一。因此，此期的栽培目标是在前期壮苗壮蘖的基础上，壮秆强根，大穗足粒形成，防止徒长和倒伏，并为后期灌浆结实创造良好的条件。

（二）拔节长穗期需水、需肥特性

1. **需水特性** 拔节长穗期是水稻一生中需水量最多的时期。特别是在花粉母细胞减数分裂期，对水分尤为敏感，是需水临界期。加之晒田复水后稻田渗漏量有所增大，一般此时需水量占全生育期的 30%～40%。

2. **需肥特性** 水稻长穗期间追施的肥料称为穗肥，穗肥既有利于巩固穗数，又有利于攻取大穗。但要防止叶面积过度增长，以形成配置良好的冠层结构；既可扩"库"，形成较多的总颖花数，又能强"源"畅"流"，形成较高的粒叶比，以利于提高结实率和千粒重。依其施用时间和作用穗肥可分为促花肥和保花肥。

促花肥是促使枝梗和颖花分化的肥料。保花肥是指防止颖花退化、增加每穗粒数的肥料，同时对防止水稻后期早衰、提高结实率和增加粒重也有很好的效果。有效控制高峰苗过后，应因苗及时用好穗肥来主攻壮秆大穗，可优化中期的生长，优化群体结构。

（三）拔节长穗期水肥管理

1. **合理灌溉**　晒田控苗后可实行间歇灌溉，保持田面湿润。长穗期有适当水层护苗，严防脱水，淹水深度不宜超过 10 厘米，维持深水层的时间也不宜过长。

2. **施好穗肥**　一般在穗分化始期，即叶龄余数 3.1～3.5 叶施用促花肥。具体施用时间及用量要因苗情而定，若叶色正常褪淡，可亩施尿素 10～12 千克，若叶色较深不褪淡，可推迟并减少施肥量；若叶色较淡的，可提前 3～5 天施用促花肥，并适当增加用量；若叶色较深也可不施。保花肥一般在出穗前 18～20 天，即叶龄余数 1～1.5 叶时施用，具体施用期应通过剥查 10 个以上单茎的叶龄余数确定。当 50％的有效茎蘖叶龄余数不超过 1.2 时为追施保花肥的适期。用量一般为每亩 4～6 千克尿素，对叶色浅，群体生长量小的可多施，但每亩不宜超过 10 千克；相反，则少施或不施。

三、灌浆结实期

（一）灌浆结实期生长特点

此期间稻株生殖生长处于主导地位，生长中心由穗分化转为籽粒的发育，生理代谢以碳代谢为主，叶片制造的糖类、抽穗前贮藏在茎秆及叶鞘里的养分等光合产物均向籽粒输送，是决定结实率和粒重的关键时期。栽培目标是养根护叶、防止早衰、增强稻株光合能力、提高结实率和粒重，主攻方向是保穗、攻粒、增重。高产水稻要求绿叶在开花后 20 天内，每个有效分蘖仍能保持 3～4 片绿叶。

（二）灌浆结实期需水、需肥特性

1. **需水特性**　抽穗开花期植株对稻田缺水的敏感程度仅次于孕穗期，受旱时，轻则影响花粉和柱头的活力，空秕率增加，重则出穗、开花困难。当开花受精完成，水稻进入灌浆充实期，该时期既要保证水分供应，又不能长期淹水。若土壤缺水，不仅不利于籽粒灌浆充实，而且还影响灌浆速度和米质；若长期淹水，根系活力差，叶片早衰，秕粒增加。故应采用间歇灌溉，干干湿湿，保持土壤湿润的水分管理方法。满足生理需水，又维持土壤沉实不回软，增强土壤根部通气，维护根系健康，延缓活力下降，防止青枯早衰。达到以水调气、养根保叶、干湿壮籽的目的。

2. **需肥特性**　水稻抽穗前后追施的肥料称为粒肥。粒肥的作用在于增加上部叶片的氮素浓度，提高籽粒蛋白质含量，延缓叶片衰老，提高根系活力，从而增加灌浆物质，提高粒重。

齐穗后追施粒肥要掌握好施用条件，苗不黄不施，多雨寡照、有病害的不施。用量不宜多，可以采用根外追肥。抽穗后还要注意纹枯病、稻瘟病、稻纵卷叶螟、稻飞虱等的防治。

（三）灌浆结实期水肥管理

1. **水浆管理** 自出穗至其后的20～25天，稻株需水量较大，应以保持浅水层为主，即灌一次浅水后，自然耗干至脚印塘尚有水即再上浅水层。乳熟期采取间隙灌溉，维持田间湿润即可，但不宜断水。蜡熟期可采用跑马水的方式进行灌溉，使稻田处于渍水与落水相交替的状态，且落干期应逐渐加长，灌水量逐渐减少，直到收获前一周方可断水，确保籽粒充分灌浆充实，这样既可提高单产，又可改善品质。生产上一定要防止断水过早，未成熟即提早割青。

2. **巧施粒肥** 粒肥应掌握"因苗施用"的原则，水稻出穗后一般不需再施肥，如叶色明显落黄，可用1%尿素与0.2%磷酸二氢钾混合溶液进行叶面喷施1～2次，既补充肥料，又避免贪青迟熟，从而达到增加粒重的目的。

四、全生育期精确灌溉施肥技术

（一）精确灌溉技术

以往的研究表明，各生长期对土壤水分反应的敏感顺序为分蘖盛期＞生殖细胞形成期＞枝梗分化期＞分蘖末期＞花粉形成期，结实前期＞结实后期。即在机插水稻一生中，对水分胁迫最敏感的时期为分蘖盛期和减数分裂期前后。除了该两个敏感期外，分蘖末期、长穗、抽穗期和灌浆期均以土壤水势为－15千帕的产量最高。说明高产机插水稻并非要长时间地进行水层灌溉，全生育期进行干湿交替灌溉，更有利于产量形成。

依据试验和各地大面积的实践，高产机插水稻全生育期精确灌溉的措施为薄水移栽。栽后注意适当间歇脱水促根，完全活棵立苗后采取浅水勤灌促分蘖。当群体总茎蘖数达到预期穗数的80%时开始自然断水搁田，多次轻搁，可有效控制无效分蘖发生，提高茎蘖成穗率，切忌一次重搁。拔节后采取干湿交替灌溉，即每次上3厘米左右的水层，让其自然落干至丰产沟底无水层时复灌，周而复始直至成熟前一周。如此灌溉，既能满足机插水稻生态生理需水，有利于中期形成壮秆大穗，后期养根保叶，又能显著节水。

（二）精确施肥技术

肥料的大量投入，在稳定提高稻谷产量，确保国家粮食安全的同时，也带来了资源利用效率低下，水体、大气环境污染，以及稻米品质变劣等负面效应。高产与高效协调、高产与优质协调，已成为当前稻作理论研究的主题。精确计算肥料用量、节省用肥、合理运筹施肥是实现水稻生产"高产、优质、高效、生态、安全"综合目标最关键的栽培技术。

水稻精确定量施肥技术也称测土配方施肥技术，它是综合运用现代农业科技成果，根据土壤供肥性能、作物需肥规律与肥料效应，应用斯坦福方程，求算所需氮肥的适宜用量，在以施有机肥为基础，产前提出氮、磷、钾肥和微肥的适宜用量和比例，以及相应的施肥技术。核心是调节和解决作物需肥与土壤供肥之间的矛盾，同时有针对性地补充作物所需的营养元素，作物缺什么元素就补充什么元素，需多少补多少，实现各种养分均衡供应，满足作物的需要，达到提高肥料利用率、减少肥料用量、提高作物产量、改善农产品品质、节支增收的目的。

1. 氮、磷、钾肥的合理施用比例　水稻对氮、磷、钾三要素的吸收必须平衡协调，才能取得最大肥效和最高产量。高产水稻对氮（N）、磷（P_2O_5）、钾（K_2O）的吸收比例为 1：0.45：1.2，这是反映三要素营养平衡协调的生理指标。

氮肥运筹为机插小苗基蘖肥：穗肥比例为 6：4 时有利于提高产量，过于前重或后重施氮的处理均不能获得高产。原因是在基蘖肥：穗肥比例为 6：4 时，群体发育相对协调，穗数和穗粒数协同增加，不仅产量最高，而且氮素当季利用率最高（40% 以上），是氮肥运筹的最佳模式。基肥中基蘖肥比例以 30%～40% 为宜，分蘖肥以 60%～70% 为宜。穗肥分两次，促花肥于倒 3.5 叶期施用，占70%，保花肥于倒 2 叶期施用，占 30%。

磷肥全作为基肥，一次性施用，钾肥作为基肥和拔节肥前后各占 50%。

2. 氮肥的精确定量　氮肥的精确定量要解决施氮总量的确定、基蘖肥和穗肥比例的确定以及根据苗情对穗肥施用作合理调节这三个问题。

（1）适宜氮肥总量的确定。用斯坦福的差值法公式，氮肥的施用总量应为：

氮素施用总量（千克/亩）＝（目标产量需氮量－土壤供氮量）/氮肥当季利用率

目标产量的需氮量可用高产水稻每 100 千克产量的需氮量求得。各地高产田每产 100 千克水稻的需氮量是不同的，因此应对当地的高产田实际需氮量进行测定。

目标产量需氮量（千克/亩）＝目标产量×100 千克籽粒吸氮量/100

土壤的供氮量，可用不施氮空白的稻谷产量（基础产量）及其100千克稻谷的需氮量求得。各地测土配方施肥试验可以为当地的土壤供氮量的确定提供参考。计算公式如下：

土壤供氮量（千克/亩）＝基础地力产量×无氮空白区100千克籽粒吸氮量/100

肥料氮当季利用率的确定，应根据正常栽培条件下（氮肥合理运筹）的氮肥利用率而定。

3个主要参数机插水稻与人工栽稻近似，高产粳稻（700千克左右），100千克稻谷需氮量约2.1千克，氮素当季利用率在40％或更高些，土壤供氮量可据当地氮肥空白试验结果来确定。

关于氮肥的当季利用率，受影响的因素很多。但研究表明，在同一个地点，只要注意氮肥不要过多、施肥方法上防止逸失，合理调整基蘖肥和穗肥的比例，实行合理的前氮后移，完全有把握把氮肥的当季利用率提高到40％～45％，甚至更高，达到节肥高效高产的目的。

（2）前氮后移的增产原理。实施化肥前氮后移，基蘖肥和穗肥的施用比例，由以往的（10∶0）～（8∶2）调整为5.5∶4.5［（6∶4）～（5∶5）］和6.5∶3.5［（7∶3）～（6∶4）］，是精确定量施氮的一个极为重要的定量指标，是由以迟效的农家肥为主转变为以速效化肥为主产生的重大施肥改革。其增产原理简述如下：

① 基蘖肥。主要为有效分蘖发生提供养分需要，当有效分蘖临界叶龄期够苗后，土壤供氮应减弱，促使群体叶色落黄，有效控制无效分蘖，延缓叶片伸长，推迟封行，改善拔节至抽穗期群体中下部叶片的受光条件，提高成穗率，地下部、地上部均衡发育，为长穗期攻取大穗创造良好条件。

如果基蘖肥的氮肥比例过大，到了无效分蘖期叶色不能正常落黄，造成中期的旺长，封行大为提前，中、下部叶片严重荫蔽，高产群体被破坏，将带来成穗率骤降，根、茎发育不良，病害发生严重等一系列不良后果。基蘖肥氮素吸收利用率低，一般只有20％左右，施用越多，利用率越低，适当减少基蘖肥施用比例，可以提高氮肥当季利用率。

主茎伸长节间（n）5个以上、总叶龄（N）14片以上的品种有效分蘖临界叶龄期，中、小苗移栽时为$N-n$叶龄期，8叶龄以上大苗移栽时为$N-n+1$叶龄期。以17叶6个伸长节间的品种为例，中、小苗移栽时有效分蘖临界叶龄期为$N-n=17-6=11$，即11叶龄期；大苗移栽时为$N-n+1=17-6+1=12$，即12叶龄期。

到了无效分蘖期至拔节期，群体叶色必须落黄，顶4叶要淡于顶3叶。顶3

叶是指从顶部伸出叶起往下数第三叶，顶 4 叶即往下数第四叶。

② 穗肥的作用。在中期落黄的基础上施用穗肥，不仅能显著促进大穗的形成，而且可促进动摇分蘖成穗，保证足穗；此期穗肥的单位生产效率是最高的，是水稻一生中最高效的施肥期，适当提高穗肥施用比例，是夺取高产的关键增产措施。

③ 前氮后移必须有合理的比例。5 个伸长节间的品种，拔节以前的吸氮量只占一生的 30％左右，长穗期占 50％左右，因而穗肥的比例可以提高到 45％左右（40％～50％）。

4 个伸长节间的品种，拔节前吸氮量已达一生的 50％，故穗肥的比例只能提高到 35％左右（30％～40％）。

④ 前氮后移是具有普遍意义的增产技术。各地设置的前氮后移与当地习惯施肥对比试验，在相同施氮水平下，均可取得穗数稳定、成穗率高、穗型明显增大的显著增产效果。2006 年贵州在 4 个地区，设置 6：4 与 8：2 对比试验 34 对（施氮 12～14 千克/亩），均以前氮后移的产量高，增产 13.69％～23.17％。2005—2006 年在江西赣州双季稻的试验，前氮后移（7：3）的比"一炮轰"（10：0）的在早、晚季稻上分别增产 14.05％和 16.62％。

⑤ 施有机基肥时，氮肥前后用量的调整。扬州大学农学院定位试验结果表明，在麦秸秆全量还田时，应将氮肥与秸秆 5.5：4.5 的比例调整为 7：3，以增加基肥速效氮，弥补分蘖期秸秆腐烂和稻苗争氮所损失的氮肥。秸秆分解后释放的氮主要供穗肥使用。

（3）合理施氮技术。

① 基蘖肥的施用。

基蘖肥的比例。常规水稻基肥一般应占基蘖肥总量的 70％～80％，分蘖肥占 20％～30％，以减少氮素损失。机栽小苗移栽后吸肥能力低，基肥占基蘖肥总量的 20％～30％为宜，70％～80％集中在新根发生后做分蘖肥用。

施用时间。基肥在整地时施入土中，部分用做面肥。分蘖肥在秧苗长出新根后及早施用，一般在移栽后第一叶龄施用，小苗机插的在移栽后长出第二、第三叶龄时分 1～2 次集中施用。分蘖肥一般只施用 1 次，切忌在分蘖中后期施肥，以免导致无效分蘖期旺长，群体不能正常落黄。如遇分蘖后期群体不足，宁可通过穗肥补救，也不能在分蘖后期补肥。

② 穗肥精确施用与调节。

群体苗情正常。有效分蘖临界叶龄期（$N-n$ 或 $N-n+1$）够苗后叶色开始褪淡落黄，顶 4 叶叶色淡于顶 3 叶，可按原设计的穗肥总量，分促花肥（倒 4 叶露尖)、保花肥（倒 2 叶露尖）2 次施用。促花肥占穗肥总量的 $60\% \sim 70\%$，保花肥占 $30\% \sim 40\%$。

4 个伸长节间的品种，穗肥以倒 3 叶露尖 1 次施用为宜。施用穗肥，田间不宜保持水层，以湿润或浅水为好，施后第二天，肥料即被土壤吸收，再灌浅水层，有利提高肥效。

群体不足或叶色落黄较早。在 $N-n$（4 个节间品种 $N-n+1$）叶龄期不够苗或群体落黄早，出现在 $N-n$ 叶龄期（或 $N-n+1$ 叶龄期），在此情况下，5 个伸长节间的品种应提早在倒 5 叶露尖开始施穗肥，并于倒 4 叶、倒 2 叶分 3 次施用，氮肥用量比原计划增加 10% 左右，3 次的比例为 3∶4∶3。

4 个伸长节间的品种遇此情况，可提前在倒 4 叶施用穗肥，倒 2 叶施保花肥；施穗肥总量可增加 $5\% \sim 10\%$，促花肥、保花肥的比例以 7∶3 为宜。

群体过大，叶色过深。如 $N-n$ 叶龄期以后顶 4 叶＞顶 3 叶，穗肥一定要推迟到群体叶色落黄后才能施用，只要施 1 次，数量要减少。

机插水稻病虫草害防治

搞好病虫草害防治是实现机插水稻优质高产的关键。由于机插水稻的播期一般要比常规人工插秧晚，机插水稻苗期的病虫草害发生较轻，但病虫草害防治工作同样不可忽视。由于各地气候条件差异很大，因此水稻病虫害的发生种类、时间、程度都有很大差异。江淮地区，一般秧苗期的防治工作主要以防治灰飞虱，控制条纹叶枯病为主，兼治一代螟虫、稻蓟马等病虫害。7月下旬要重点做好以纵卷叶螟为主、兼白背飞虱和灰飞虱的防治，分蘖末期和拔节孕穗期，重点做好纹枯病的防治，始穗期（破口期）重点做好稻瘟病的防治。

一、机插水稻高产栽培的病虫草害发生规律

（1）种传病害、苗期病害发生重。机插水稻一般5月底6月初播种出苗时，气温比常规人工栽稻育苗的高2～3℃，有利于水稻恶苗病菌的侵染，导致机插水稻恶苗病害重。机插水稻采取塑盘集中育秧，播种量大、密度高、秧苗生长完全处于密生生态条件下，秧苗小、素质弱，极易诱发立枯病、苗稻瘟等苗情病害。

（2）秧苗栽插后，由于苗龄小、缓苗期长、水浆管理以干干湿湿为主。稻田生境适合杂草生长，杂草出草快，出草量大，防治难度高，容易造成杂草防除失时，导致草害严重，同时由于苗小、苗弱有利于水稻苗期稻蓟马发生，严重年份甚至出现栽后死苗现象。

（3）缓苗期结束后机插水稻快速生长，分蘖快，生长量大，群体密度高，水稻纹枯病虽然见病迟，但病情发展快，自然发病严重。生长期后移，使稻曲病、稻瘟病的发生生长期和发病适宜的气候条件吻合的概率升高，加重发病。

（4）机插水稻收获迟，后期叶片嫩绿，四代稻纵卷叶螟诱集蛾卵量高，发生程度加重，同时，褐飞虱重发年份枯死田比例高于常规人工栽稻。

二、机插水稻秧田期病虫草害防治

机插水稻对秧苗的要求有很大不同，育秧方式也有很大不同。常规拔洗秧苗

呈分散状，秧苗粗细、长短差别较大，插秧机栽插时勾秧、伤秧多，漏插率高，达不到栽插质量的要求。机插水稻要求用育秧盘育成的带土毯状秧苗，且要求3～4片叶的小苗。因此机插水稻秧田期病虫草害发生较轻。

机插无法在栽秧时除掉稗草和夹棵稗，因此机插水稻田除稗非常重要。由于机插水稻用秧盘育秧，面积小，可以通过除去稻种中的稗草种子；选择无稗土壤育秧，基本上可以消除夹棵稗的危害。

机插水稻秧田期病虫害防治的主要任务：一是防止烂秧，二是防除灰飞虱，防止传播病毒病。防止烂秧可选用：30%恶霉灵水剂1 500倍液；70%敌磺钠可湿性粉剂600倍液喷淋。防除灰飞虱时应勤查，秧田有灰飞虱时用50%吡蚜酮可湿性粉剂150克（1公顷的制剂用量，下同）兑水750千克喷雾。如灰飞虱量大时可加入20%异丙威可湿性粉剂2 250毫升（或50%敌敌畏乳油2 250～3 000克）一同喷雾。有条件时可用防虫网防止害虫侵入。

于栽秧前使用1次杀虫杀菌剂，做到带药下田，可保证栽后10天内无病虫害侵袭，这是较经济的方法。也可使用50%吡蚜酮可湿性粉剂150克＋25%嘧菌酯乳剂450～600毫升喷雾。

三、机插水稻大田期病虫害防治

（一）水稻纹枯病

1. **症状** 水稻纹枯病又称云纹病。苗期至穗期都可发病。叶鞘染病 在近水面处产生暗绿色水渍状边缘模糊小斑，后渐扩大呈椭圆形或云纹形，中部呈灰绿色或灰褐色，湿度低时中部呈淡黄色或灰白色，中部组织破坏呈半透明状，边缘暗褐色。发病严重时数个病斑融合形成大病斑，呈不规则状云纹斑，常致叶片发黄枯死。叶片染病，病斑也呈云纹状，边缘褪黄，发病快时病斑呈污绿色，叶片很快腐烂。茎秆受害，症状似叶片，后期呈黄褐色，易折。穗颈部受害，初为污绿色，后变灰褐色，常不能抽穗，抽穗的秕谷较多，千粒重下降。湿度大时，病部长出白色网状菌丝，后汇聚成白色菌丝团，形成菌核，菌核深褐色，易脱落。高温条件下病斑上产生一层白色粉霉层，即病菌的担子和担孢子。

2. **病原** 水稻纹枯病的病原为瓜亡革菌，属担子菌亚门真菌。无性态的该病原菌称立枯丝核菌，属半知菌亚门真菌。

3. **传播途径和发病条件** 病菌主要以菌核在土壤中越冬，也能以菌丝体在病残体上或在田间杂草等其他寄主上越冬。翌年春天灌溉时菌核飘浮于水面与其他杂物混在一起，插秧后菌核黏附于稻株近水面的叶鞘上，条件适宜时生出菌丝，侵入叶鞘组织为害，气生菌丝又侵染邻近植株。水稻拔节期病情开始激增，病害向横向、纵向扩展，抽穗前以叶鞘为害为主，抽穗后向叶片、穗颈部扩展。早期落入水中菌核也可引发稻株再侵染。早稻菌核是晚稻纹枯病的主要侵染源。菌核数量是引起发病的主要原因。每亩有 6 万粒以上菌核，遇适宜条件就可引发纹枯病流行。高温高湿是发病的另一主要因素。气温 18～34 ℃都可发生，以 22～28 ℃最适。发病相对湿度 70％～96％，90％以上最适。菌丝生长温度为 10～38 ℃，菌核在 12～40 ℃都能形成，菌核形成最适温度 28～32 ℃。相对湿度 95％以上时，菌核就可萌发形成菌丝。6～10 天后又可形成新的菌核。日光能抑制菌丝生长，促进菌核的形成。水稻纹枯病在高温、高湿条件下容易发生和流行。生长前期雨日多、湿度大、气温偏低，病情扩展缓慢，中后期湿度大、气温高，病情扩展迅速，后期高温干燥天气可抑制病情。气温 20 ℃以上，相对湿度大于 90％，纹枯病开始发生，气温在 28～32 ℃，遇连续降雨，病害发展迅速。气温降至 20 ℃以下，田间相对湿度小于 85％，发病迟缓或停止发病。长期深灌，偏施、迟施氮肥，水稻郁闭、徒长促进纹枯病发生和蔓延。

4. 防治方法

（1）选用抗病品种。水稻对纹枯病的抗性是水稻和病原菌相互作用的一系列复杂的物理、化学反应的结果，水稻植株的蜡质层、硅质细胞是抵抗和延缓病原菌侵入的一种机械障碍，是衡量品种抗病性的指标，也是快速鉴别品种抗病性的一种手段。水稻对纹枯病抗性高的资源较少。

（2）打捞菌核，减少菌源。要每季大面积打捞菌核并带出田外深埋。

（3）加强栽培管理。施足基肥，追肥早施，不可偏施氮肥，增施磷、钾肥，采用配方施肥技术，使水稻前期不披叶，中期不徒长，后期不贪青。灌水做到分蘖浅水、够苗露田、晒田促根、肥田重晒、瘦田轻晒、长穗湿润、不早断水、防止早衰，要掌握"前浅、中晒、后湿润"的原则。

（4）药剂防治。抓住防治适期，分蘖后期病穴率达 15％即施药防治。首选 5％井冈霉素水剂 100 毫升兑水 50 升喷雾或兑水 400 升泼浇，也可用 20％三唑酮乳油 50～76 毫升、50％甲基硫菌灵或 50％多菌灵可湿性粉剂 100 克、30％菌核净可湿性粉剂 50～75 克、50％甲基立枯磷 200 克，每亩配药液 50 升。也可用 20％甲基胂酸锌或 10％甲基胂酸钙可湿性粉剂 100 克兑水 100 升喷施，或兑水 400～500 升泼施，或拌细土 25 千克撒施。还可用 5％甲基胂酸铁胺水剂 200 克兑水 100 升喷雾或兑水 400 升浇泼，或用 500 克拌细土 20 千克撒施，注意用药量和用药适期，防止产生药害。发病较重时可选 10％灭锈胺乳剂，每亩用药 250 毫升，或选用 25％戊菌隆可湿性粉剂，每亩用药 50～70 克，兑水 75 升喷雾，效果好药效长。也可选用 77％氢氧化铜可湿性粉剂 700 倍液或 25％三唑酮可湿性粉剂 100 克，兑水 75 升分别在孕穗始期、孕穗末期各防 1 次，可明显降低病穴率、病株率及功能叶鞘病斑严重程度，有效地保护功能叶片。也可选用 25％丙环唑乳油 2 000 倍液，于水稻孕穗期一次用药能有效地防治水稻纹枯病、叶鞘腐败病、稻曲病及稻粒黑粉病，能兼治水稻中后期多种病害。此外，提倡施用稀土纯营养剂。

（二）水稻稻瘟病

1. **症状** 水稻稻瘟病又称稻热病、火烧瘟、叩头瘟。分布在全国各稻区，主要为害叶片、茎秆、穗部。因为害时期、部位不同分为苗瘟、叶瘟、节瘟、穗颈瘟、谷粒瘟。

（1）苗瘟。发生于 3 叶前，由种子带菌所致。病苗基部灰黑，上部变褐，卷缩而死，湿度较大时病部产生大量灰黑色霉层，即病原菌分生孢子梗和分生孢子。

（2）叶瘟。在整个生长期都能发生。分蘖至拔节期为害较重。由于气候条件和品种抗病性不同，病斑分为四种类型。

① 慢性型病斑。开始在叶上产生暗绿色小斑，渐扩大为梭形斑，常有延伸的褐色坏死线。病斑中央灰白色，边缘褐色，外有淡黄色晕圈，叶背有灰色霉层，病斑较多时连片形成不规则大斑，这种病斑发展较慢。

② 急性型病斑。在感病品种上形成暗绿色近圆形或椭圆形病斑，叶片两面都产生褐色霉层，条件不适应发病时转变为慢性型病斑。

③ 白点型病斑。感病的嫩叶发病后，产生白色近圆形小斑，不产生孢了，气候条件有利其扩展时，可转为急性型病斑。

④ 褐点型病斑。多出现在高抗品种或老叶上，产生针尖大小的褐点，只产生于叶脉间，较少产孢，该病在叶舌、叶耳、叶枕等部位也可发病。

（3）节瘟。常在抽穗后发生，初在稻节上产生褐色小点，后渐绕节扩展，使病部变黑，易折断。发生早的形成枯白穗。仅在一侧发生的造成茎秆弯曲。

（4）穗颈瘟。初形成褐色小点，放展后使穗颈部变褐，也造成枯白穗。发病晚的造成秕谷。枝梗或穗轴受害造成小穗不实。

（5）谷粒瘟。谷粒瘟产生褐色椭圆形或不规则斑，可使稻谷变黑。有的颖壳无症状，护颖受害变褐，使种子带菌。

2. **病原** 水稻稻瘟病系由半知菌亚门丝孢目梨形孢属（灰梨孢菌 *Pyricularia oryzae* Cav.）真菌引起。病斑上生灰绿色霉层，即病菌的分生孢子梗和分生孢子，具 2～8 个隔膜，基部稍膨大，淡褐色，向上色淡，顶端曲状，上生分生孢子。分生孢子无色，洋梨形或棍棒形，常有 1～3 个隔膜，大小（14～40）微米×（6～14）微米，基部有脚胞，萌发时两端细胞立生芽管，芽管顶端产生附着胞，近球形，深褐色，紧贴于寄主，产生侵入丝侵入寄主组织内。该菌可分作 7 群，128 个生理小种。

3. 传播途径和发病条件 病菌以分生孢子和菌丝体在稻草和稻谷上越冬。翌年产生分生孢子借风雨传播到稻株上，萌发侵入寄主，向邻近细胞扩展发病，形成中心病株。病部形成的分生孢子，借风雨传播进行再侵染。播种带菌种子可引起苗瘟。适温、高湿的条件下有利于发病。菌丝生长温度范围 8～37 ℃，最适温度 26～28 ℃。孢子形成温度范围 10～35 ℃，以温度 25～28 ℃、相对湿度 90％以上最适。孢子萌发需有水存在并持续 6～8 小时。适宜温度条件下才能形成附着胞并产生侵入丝，穿透稻株表皮，在细胞间蔓延摄取养分。阴雨连绵，日照不足或时晴时雨，或早、晚有云雾或结露条件下，病情扩展迅速。品种抗性因地区、季节、种植年限和生理小种不同而异。籼型品种一般优于粳型品种。同一品种在不同生长期抗性表现也不同，秧苗 4 叶期、分蘖期和抽穗期易感病，圆秆期发病轻，同一器官或组织在组织幼嫩期发病重。穗期以始穗时抗病性弱。偏施过施氮肥有利发病。放水早或长期深灌根系发育差，抗病力弱，发病重。

4. 防治方法

（1）因地制宜选用适合当地种植的抗病品种。

（2）无病田留种，处理病稻草，消灭菌源。

（3）结合水稻需肥规律，采用配方施肥技术，后期做到干湿交替，促进稻叶老熟，增强抗病力。

（4）种子处理。用 56 ℃温汤浸种 5 分钟。用 10％乙蒜素乳油 1 000 倍液或 80％乙蒜素乳油 2 000 倍液、70％甲基硫菌灵可湿性粉剂 1 000 倍液浸种 2 天。也可用 1％石灰水浸种，10～15 ℃浸 6 天，20～25 ℃浸 1～2 天，石灰水层高出稻种 15 厘米，静置，捞出后清水冲洗 3～4 次。用 2％甲醛溶液浸种 20～30 分钟，然后用薄膜覆盖闷种 3 小时。

（5）药剂防治。抓住关键时期，适时用药。早抓叶瘟，狠治穗瘟。发病初期喷洒 20％三环唑可湿性粉剂 1 000 倍液，或用 40％稻瘟灵乳油 1 000 倍液、50％多菌灵或 50％甲基硫菌灵可湿性粉剂 1 000 倍液、50％四氯苯酞可湿性粉剂 1 000 倍液、40％敌瘟磷乳剂 1 000 倍液、50％异稻瘟净乳剂 500～800 倍液、5％菌毒清水剂 500 倍液。上述药剂也可添加 40 毫克/千克春雷霉素或加展着剂效果更好。叶瘟要连续防治 2～3 次，穗瘟要着重在抽穗期进行防治，特别是在孕穗期（破肚期）和齐穗期防治最适。

（三）水稻稻纵卷叶螟

1. 拉丁名 稻纵卷叶螟拉丁名为 *Cnaphalocrocis medinalis* Guenee，鳞翅目，螟蛾科，别名刮青虫。分布北起我国黑龙江、内蒙古，南至我国台湾、海南的全国各稻区。

2. 寄主 主要为害水稻，有时为害小麦、甘蔗、粟、禾本科杂草。

3. 为害特点 以幼虫缀丝纵卷水稻叶片成虫苞，幼虫匿居其中取食叶肉，仅留表皮，形成白色条斑，致水稻千粒重降低，秕粒增加，造成减产。

4. 形态特征 雌成蛾体长 8～9 毫米，翅展 17 毫米，体翅黄褐色，停息时两翅展在背部两侧。复眼黑色，触角丝状，黄白色。前翅前缘暗褐色，外缘具暗褐色宽带，内横线、外横线斜贯翅面，中横线短，后翅也有 2 条横线，内横线短，不达后缘。雄蛾体稍小，色泽较鲜艳，前、后翅斑纹与雌蛾相近，但前翅前缘中央具 1 黑色眼状纹。卵长 1 毫米，近椭圆形，扁平，中部稍隆起，表面具细网纹，初白色，后渐变浅黄色。幼虫 5～7 龄，多数 5 龄。末龄幼虫体长 14～19 毫米，头褐色，体黄绿色至绿色，老熟时为橘红色，中、后胸背面具小黑圈 8 个，前排 6 个，后排 2 个。蛹长 7～10 毫米，圆筒形，末端尖，具钩刺 8 个，初浅黄色，后变红棕色至褐色。

5. 发生规律 东北 1 年发生 1～2 代，长江中下游至南岭以北 5～6 代，海南南部 10～11 代，南岭以南以蛹和幼虫越冬，南岭以北有零星蛹越冬。越冬场所为再生稻、稻桩及湿润地段的李氏禾、双穗雀麦等禾本科杂草。该虫有远距离迁飞习性，在我国北纬 30°以北地区，任何虫态都不能越冬。每年春季，成虫随季风由南向北而来，随气流下沉和雨水降落下来，成为非越冬地区的初始虫源。秋季，成虫随季风回迁到南方进行繁殖，以幼虫和蛹越冬。如在安徽该虫也不能越冬，每年 5～7 月成虫从南方大量迁来成为初始虫源，在稻田内发生 4～5 代，各代幼虫为害盛期：一代 6 月上中旬；二代 7 月上中旬；三代 8 月上中旬；四代在 9 月上中旬；五代在 10 月中旬。生产上一代、五代虫量少，一般以二代、三代发生为害重。成虫白天在稻田里栖息，遇惊扰即飞起，但飞不远，夜晚活动、交配，把卵产在稻叶的正面或背面，单粒居多，少数 2～3 粒串生在一起，成虫有趋光性和趋向嫩绿稻田产卵的习性，喜欢吸食蚜虫分泌的蜜露和花蜜。卵期 3～6 天，幼虫期 15～26 天，共 5 龄，1 龄幼虫不结苞；2 龄时爬至叶尖处，吐丝缀卷叶尖或近叶尖的叶缘，即卷尖期；3 龄幼虫纵卷叶片，形成明显的束腰状虫苞，即束叶期；3 龄后食量增加，虫苞膨大，进入 4～5 龄频繁转苞为害，虫苞呈枯白色，整个稻田白叶累累。幼虫活泼，剥开虫苞查虫时，迅速向后退缩或翻落地面。老熟幼虫多爬至稻丛基部，在无效分蘖的小叶或枯黄叶片上吐丝结成紧密的小苞，在苞内化蛹，蛹多在叶鞘处或位于株间或地表枯叶薄茧中。蛹期5～8天，雌蛾产卵前期3～12天，雌蛾寿命5～17天，雄蛾4～16天。该虫喜温暖、高湿环境。气温22～28℃，相对湿度高于80%有利于成虫卵巢发育、交配、产卵和卵的孵化及初孵幼虫的存活。为此，6～9月雨日多，湿度大有利其发生，田间灌水过深，施氮肥偏晚或过多，引起水稻徒长，为害重。主要天敌有稻螟赤眼蜂、绒茧蜂等近百种。

6. 防治方法

（1）合理施肥，加强田间管理促进水稻生长健壮，以减轻受害。

（2）人工释放赤眼蜂。在稻纵卷叶螟产卵始盛期至高峰期，分期分批放蜂，每亩每次放3万～4万头，隔3天放1次，连续放蜂3次。

（3）喷洒杀螟杆菌、青虫菌，每亩喷每克菌粉含活孢子量100亿的菌粉150～200克，兑水60～75千克，配成300～400倍液喷雾。为了提高生物防治效果，可加入药液量0.1%的洗衣粉作湿润剂。

（4）掌握在幼虫2龄、3龄盛期或百丛有新束叶苞15个以上时，每亩用80%杀虫单粉剂35～40克兑水35～40千克喷洒，也可喷洒42%三唑磷乳油60毫升或90%晶体敌百虫600倍液，也可用50%杀螟硫磷乳油100毫升兑水400千克泼浇。提倡施用5%氟虫腈胶悬剂，每亩用药20毫升，兑水均匀喷洒效果优异。每亩用10%吡虫啉可湿性粉剂10～30克，兑水60千克喷施，1～30天防效90%以上，持效期30天。此外，也可于2～3龄幼虫高峰期，用10%吡虫啉10～20克/亩与80%杀虫单粉剂40克/亩混配，主防稻纵卷叶螟，兼治稻飞虱。

（四）水稻二化螟

1. 拉丁名　水稻二化螟拉丁名为 *Chilo suppressalis* (Walker)，鳞翅目，螟蛾科，别名钻心虫。分布我国南方、北方各稻区。

2. 寄主　水稻、玉米、甘蔗、粟、蚕豆、茭白、高粱、油菜、小麦、紫云英等。近年该虫为害仍然严重。

3. 为害特点　水稻分蘖期受害出现枯心苗和枯鞘；孕穗期、抽穗期受害出现枯孕穗和白穗；灌浆期、乳熟期受害出现半枯穗和虫伤株，秕粒增多，遇刮大风易倒折。二化螟为害造成的枯心苗，幼虫先群集在叶鞘内侧蛀食为害，叶鞘外面出现水渍状黄斑，后叶鞘枯黄，叶片也渐死，称为枯梢期。幼虫蛀入稻茎后剑叶尖端变黄，严重的心叶枯黄而死，受害茎上有蛀孔，孔外虫粪很少，茎内虫粪多，黄色，稻秆易折断。别于大螟和三化螟为害造成的枯心苗。

4. 形态特征 成蛾雌体长 14～16.5 毫米，翅展 23～26 毫米，触角丝状，前翅灰黄色，近长方形，沿外缘具小黑点 7 个；后翅白色，腹部灰白色纺锤形。雄蛾体长 13～15 毫米，翅展 21～23 毫米，前翅中央具黑斑 1 个，下面生小黑点 3 个，腹部瘦圆筒形。卵长 1.2 毫米，扁椭圆形，卵块由 10～200 粒排成鱼鳞状，长 13～16 毫米，宽 3 毫米，乳白色至黄白色或灰黄褐色。幼虫 6 龄左右。末龄幼虫体长 20～30 毫米，头部除上颌棕色外，其余部位为红棕色，全体淡褐色，具红棕色条纹。蛹长 10～13 毫米，米黄色至浅黄褐色或褐色。

5. 发生规律 一年发生 1～5 代，由北往南递增。东北 1～2 代，黄淮流域 2 代，长江流域和两广地区发生 2～4 代，海南岛 5 代。多以 4～6 龄幼虫于稻桩、稻草及田边杂草中滞育越冬，未成熟的幼虫春季还可以取食田间及周边绿肥、油菜、麦类等作物。越冬幼虫抗逆性强，冬季低温对其影响不大。气温在 15～16℃开始活动、羽化，长江中下游一般在 4 月中下旬至 5 月上旬开始发生。但由于越冬环境复杂，所以越冬幼虫化蛹、羽化时间极不整齐，常持续约 2 个月。越冬代及随后的各个世代发生期拉得较长，可有多次发生高峰，造成世代重叠现象，防治适期难以掌握。成虫趋光性强，多在夜间羽化。喜欢选择株型较高、剑叶长而宽、茎秆粗壮、叶色浓绿的稻株产卵。卵产于叶片表面。初孵幼虫多在上午孵化，之后大部分沿稻叶向下爬或吐丝下垂，从心叶、叶鞘缝隙或叶鞘外蛀入，先群集叶鞘内取食内壁组织，2 龄后开始蛀入稻茎为害。幼虫有转株为害的习性，在食料不足或水稻生长受阻时，幼虫分散为害，转株频繁，为害加重。幼虫老熟后多在受害茎秆内（部分在叶鞘内侧）结薄茧化蛹。蛹期耗氧量大，灌水淹没会引起大量死亡。春季低温多湿会延迟二化螟的发生期。夏季温度过高亦对二化螟的发生不利。35℃高温致蛾子羽化多畸形，卵孵化率降低，幼虫死亡率升高。稻田水温高于 35℃ 时，分蘖期因幼虫多集中于茎秆下部，死亡率可高达 80%～90%，但穗期幼虫可逃至稻株上部，水温的影响相对较小。寄生性天敌主要有卵期的稻螟赤眼蜂、松毛虫赤眼蜂，幼虫期有多种姬蜂、多种茧蜂及线虫、寄生蝇，其中卵寄生蜂最重要。捕食类天敌有蜘蛛、蛙类、鸟类等。

6. 防治方法

(1) 做好发生期、发生量和发生程度的预测。

(2) 农业防治。合理安排冬作物，晚熟小麦、大麦、油菜、留种绿肥要注意安排在虫源少的晚稻田中，可减少越冬虫源的基数。对稻草中含虫多的要及早处理，也可把基部 10～15 厘米先切除烧毁。灌水杀蛹，即在二化螟初蛹期采用烤、搁田或灌浅水，以降低化蛹的部位，进入化蛹高峰期时，突然灌水深 10 厘米以上，经 3～4 天，大部分老熟幼虫和蛹会被灌死。

(3) 选育、种植耐水稻螟虫的品种，根据种群动态模型用药防治。在二化螟一代多发型地区，要做到狠治一代；在一代至三代为害重的地区，采取狠治一代，挑治二代，巧治三代。一代以打枯鞘团为主；二代挑治迟熟早稻、单季杂交稻、中稻；三代主防杂交双季稻和早栽连作晚稻田的螟虫。生产上在早、晚稻分蘖期或晚稻孕穗、抽穗期螟卵孵化高峰后 5～7 天，枯鞘丛率 5％～8％或早稻每亩有中心为害株 100 株，或丛害率 1％～1.5％，或晚稻为害团高于 100 个时，每亩应马上用 80％杀虫单粉剂 35～40 克或 25％杀虫双水剂 200～250 毫升、50％杀螟硫磷乳油 50～100 毫升、90％晶体敌百虫 100～200 g 兑水 75～100 千克喷雾，喷洒 1.8％阿维菌素乳剂 3 000～4 000 倍液、42％三唑磷乳油 2 000 倍液；也可选用 5％氟虫腈胶悬剂 30 毫升，兑水 50～75 千克喷雾或兑水 200～250 千克泼浇，也可兑水 400 千克进行大水量泼浇。此外，还可用 25％杀虫双水剂 200～250 毫升或 5％杀虫双颗粒剂 1～1.5 千克拌湿润细干土 20 千克制成药土，撒施在稻苗上，保持 3～5 厘米浅水层持续 3～5 天可提高防效；也可把杀虫双制成大粒剂，改过去常规喷雾为浸秧田，采用带药漂浮载体防治法能提高防效。杀虫双防治二化螟还可兼治大螟、三化螟、稻纵卷叶螟等，对大龄幼虫杀伤力高、施药适期弹性大，但要注意防止家蚕中毒。

（五）水稻三化螟

1. **拉丁名**　水稻三化螟拉丁名为 *Tryporyza incertulas*（Walker）鳞翅目，螟蛾科，别名钻心虫。分布山东烟台以南各稻区。

2. **寄主**　该害虫只寄生为害水稻或野生稻，是单食性害虫。

3. **为害特点**　幼虫钻入稻茎蛀食为害，在寄主分蘖时出现枯心苗，孕穗期、抽穗期形成枯孕穗或白穗。严重的颗粒无收。近年三化螟的严重为害又呈上升趋势，其原因是多方面的。三化螟为害造成枯心苗，苗期、分蘖期幼虫啃食心叶，心叶受害或失水纵卷，稍褪绿或呈青白色，外形似葱管，称作假枯心，把卷缩的心叶抽出，可见断面整齐，多数可见到幼虫，生长点遭破坏后，假枯心变黄死去成为枯心苗，这时其他叶片仍为青绿色。受害稻株的蛀入孔小，孔外无虫粪，茎内有白色细粒虫粪，有别于大螟、二化螟为害造成的枯心苗。

4. **发生规律**　河南 1 年发生 2～3 代，安徽、浙江、江苏、云南 1 年发生 3 代，高温年份可发生 4 代，广东 5 代，台湾 6～7 代。以老熟幼虫在稻茬内越冬。翌年春天气温高于 16 ℃，越冬幼虫陆续化蛹、羽化。成虫白天潜伏在稻株下部，黄昏后飞出活动，有趋光性。羽化后 1～2 天即交尾，把卵产在生长旺盛的距叶尖 6～10 厘米的稻叶叶面或叶背，分蘖盛期和孕穗末期产卵较多，拔节期、齐穗期、灌浆期较少。每个雌虫产2～3个卵块。初孵幼虫称作蚁螟，蚁螟在分蘖期爬至叶尖后吐丝下垂，随风飘荡到邻近的稻株上，在距水面2厘米左右的稻茎下部咬孔钻入叶鞘，从孵化到钻入历时30～50分钟，后蛀食稻茎形成枯心苗。在孕穗期或即将抽穗的稻田，蚁螟在包裹稻穗的叶鞘上咬孔或从叶鞘破口处侵入蛀害稻花，经4～5天，幼虫达到2龄，稻穗已抽出，开始转移到穗颈处咬孔向下蛀入，再经3～5天把茎节蛀穿或把稻穗咬断，形成白穗。由同一卵块上孵出的蚁螟为害附近的稻株，造成的枯心苗或白穗常成团出现，致田间出现枯心团或白穗群。老熟幼虫转移到健株上在茎内或茎壁咬一羽化孔，仅留一层表皮，后化蛹。羽化后破膜钻出。在热带可终年繁殖，但遇有旱季湿度不够时，末龄幼虫常蛰伏在稻根部，在温带不能终年繁殖，在低温季节则以末龄幼虫越冬。各虫态一般历期：卵7～16天，幼虫23～35天，蛹7～23天。三化螟为害稻株一般一株内只有1头幼虫，转株1～3次，幼虫共5龄。生产上单、双季稻混栽或中稻与一季稻混栽三化螟为害重。栽培上基肥充足，追肥及时，稻株生长健壮，抽穗迅速整齐的稻田受害轻，反之，追肥过晚或偏施氮肥的发生重，稻易死亡。气温在24～29℃、相对湿度达90％以上有利于该虫孵化和侵入。天敌主要有寄生蜂、稻螟赤眼蜂、黑卵蜂、啮小蜂、蜘蛛、青蛙、白僵菌等。

5. 防治方法

(1) 预测预报。据各种稻田化蛹率、化蛹日期、蛹历期、交配产卵历期、卵历期，预测发蛾始盛期、高峰期、盛末期及蚁螟孵化的始盛期、高峰期和盛末期指导防治。

(2) 农业防治。适当调整水稻布局，避免混栽，减少桥梁田。选用生长期适中的品种。及时春耕沤田，处理好稻茬，减少越冬虫口。选择无螟害或螟害轻的稻田或旱地作为绿肥留种田，生产上留种绿肥田因春耕晚，绝大部分幼虫在翻耕前已化蛹、羽化，生产上要注意杜绝虫源。对冬作田、绿肥田灌跑马水，不仅利于作物生长，还能杀死大部分越冬螟虫。及时春耕灌水，淹没稻茬7～10天，可淹死越冬幼虫和蛹。栽培治螟。调节栽秧期，采用抛秧法，使易遭蚁螟为害的生长阶段与蚁螟盛孵期错开，可避免或减轻受害。

(3) 保护并利用天敌进行防治。

(4) 对在水稻分蘖期与蚁螟盛孵期吻合日期短于10天的稻田防治枯心，掌握在蚁螟孵化高峰前1～2天，施用3％克百威颗粒剂，每亩用1.5～2.5千克，拌细土15千克撒施后，田间保持3～5厘米浅水层4～5天。当吻合日期超过10天时，则应在孵化始盛期施1次药，隔6～7天再施1次，方法同上。

(5) 防治白穗。在卵的盛孵期和破口吐穗期，采用早破口早用药，晚破口迟用药的方法，在破口露穗达 5％～10％时，施第一次药，每亩用 25％杀虫双水剂 150～200毫升或 50％杀螟硫磷乳油 100 毫升、40％氧化乐果加 50％杀螟硫磷乳油各 50毫升，拌湿润细土 15 千克撒入田间，也可用上述杀虫剂兑水 400 千克泼浇或兑水 60～75 千克喷雾。如三化螟发生量大，蚁螟的孵化期长或寄主孕穗、抽穗期长，应在第一次药后隔 5 天再施 1～2 次，方法同上。

（六）稻飞虱

稻飞虱（褐飞虱、白背飞虱）是危害水稻的主要害虫，水稻飞虱属刺吸式害虫，具有迁飞性、隐蔽性、爆发性和毁灭性等特点，近年来一直呈高发态势，是水稻防控的重点害虫，要充分利用农业增产措施和自然因子的控害作用，创造不利于害虫而有利于天敌繁殖和水稻增产的生态条件，在此基础上根据具体虫情，合理使用高效、低毒、残效期长的农药进行防治。具体防治方法如下：

1. **加强田间监测适时开展防治** 利用虫情测报灯和田间调查等手段及时掌握发生动态，要抓住低龄（1 龄、2 龄）若虫始盛期到高峰期之前用药防治。

2. **提倡开展统防统治** 稻飞虱具有飞翔、扩散的特点，活动能力强。如果农户分散施药，则达不到应有的防治效果。因此，防治时要做到"三个统一"，即统一时间、统一药剂、统一技术进行防治，以提高防治效果，减少防治成本。争取在高峰期前（始盛期至盛期）统一防治 1～2 次，然后根据各自的田间实际发生情况进行挑治。

3. **合理选择农药** 坚持使用高效、安全农药。如吡蚜酮、吡虫啉等兑足水量进行喷雾。禁止选择会刺激大量产卵的拟除虫菊酯类农药。

可选如下药剂进分防治：亩用 25％噻嗪酮可湿性粉剂 20～25 克兑水 60～75 千克喷雾；严重的田块，亩用 25％噻嗪酮可湿性粉剂 30～35 克＋80％敌敌畏乳油 100 毫升（或 40.8％毒死蜱乳油 60 毫升）兑水 60～75 千克喷雾。注意喷药量要充足，喷药部位要尽量喷到水稻基部，施药时田间要保持 5～10 厘米浅水层。

4. **农业防治水稻稻飞虱措施** 合理密植，改善田间小气候，提高水稻抗病能力。合理施肥，控制氮肥，增施磷、钾肥，巧施追肥，使水稻早生快发，增加株体的硬度，避开稻飞虱的趋嫩性，减轻危害。科学灌水，做到浅水栽秧，寸水分蘖，够苗晒田，深水孕穗，湿润灌浆，通过合理灌溉，促使水稻植株生长健壮，增强抗性。

参 考 文 献

靳德明，2008. 水稻农艺工培训教材（南方本）［M］. 北京：金盾出版社.

凌启鸿，2007. 水稻精确定量栽培原理与技术［M］. 北京：中国农业出版社.

图书在版编目（CIP）数据

水稻机插规模丰产栽培技术 / 王勋，顾晖主编 . —
北京：中国农业出版社，2018.9（2024.12 重印）
江苏省新型职业农民培训教材
ISBN 978 - 7 - 109 - 24573 - 0

Ⅰ.①水… Ⅱ.①王… ②顾… Ⅲ.①水稻插秧机-
水稻栽培-职业培训-教材 Ⅳ.①S511.048

中国版本图书馆 CIP 数据核字（2018）第 207277 号

中国农业出版社出版
（北京市朝阳区麦子店街 18 号楼）
（邮政编码 100125）
责任编辑 吴 凯
文字编辑 谢志新

三河市国英印务有限公司印刷 新华书店北京发行所发行
2018 年 9 月第 1 版 2024 年 12 月河北第 9 次印刷

开本：720mm×960mm 1/16 印张：4.75
字数：75 千字
定价：15.00 元
（凡本版图书出现印刷、装订错误，请向出版社发行部调换）